蚊学入門

きっと誰かに教えたくなる

知って遊んで闘って

編著 一盛和世

緑書房

蚊の一生

（→第1章P40〜43）

蛹（サナギ）

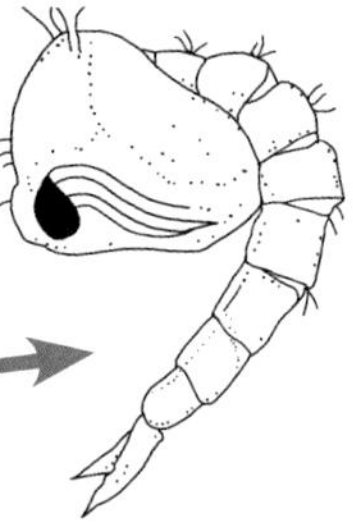

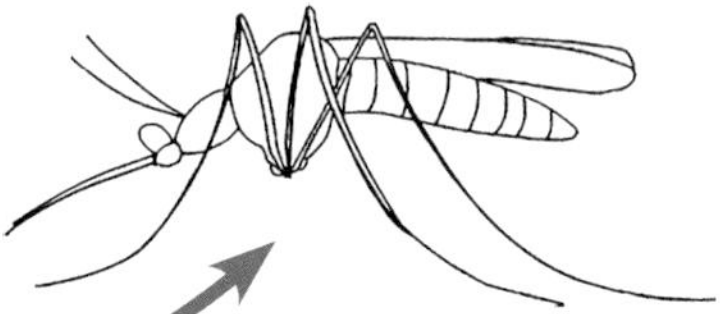

成　虫

餌は食べないが
盛んに動き回る

血を吸うのは
雌の蚊のみ

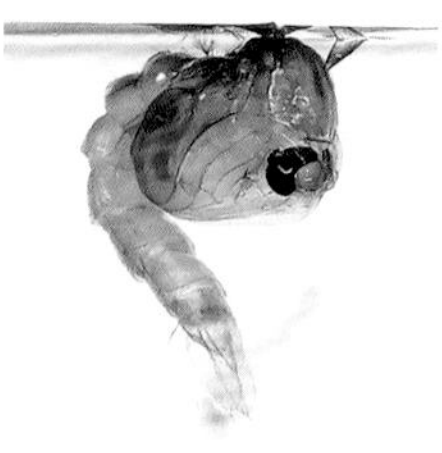

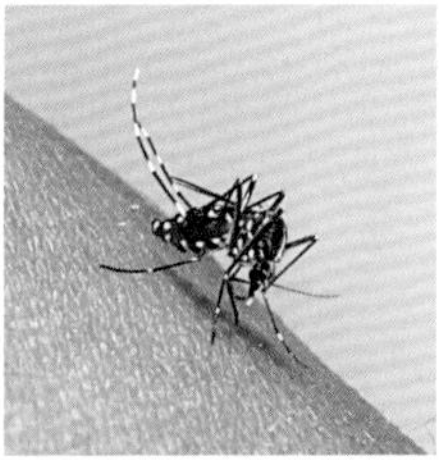

蛹（サナギ）

成　虫

1〜2日で成虫になる
（羽化：羽化の様子は次ページで！）

成虫（雌）の寿命は約1カ月

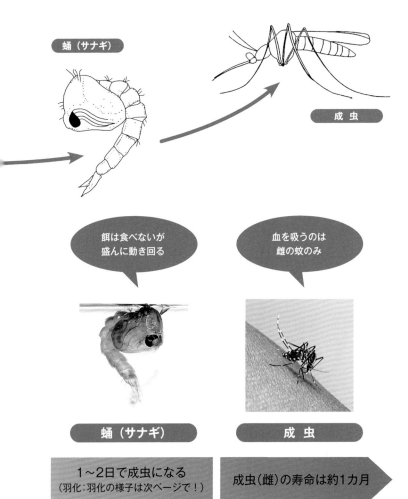

※写真、イラストはヤブカ属の例

卵

幼虫（ボウフラ）

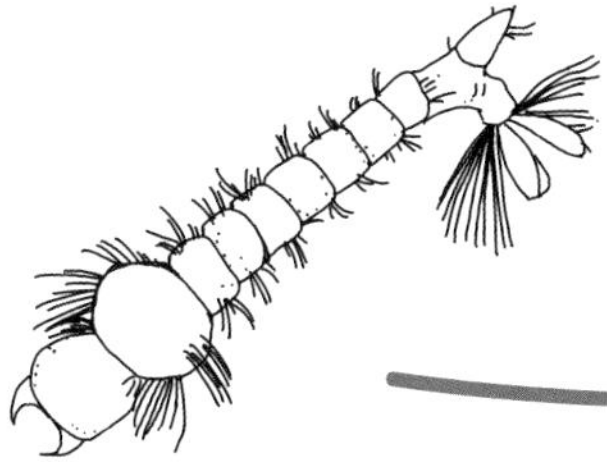

ヤブカの卵は乾燥状態で
数カ月生存できる

お尻の先についている
呼吸管を水面につけて
呼吸をしている

卵

幼虫（ボウフラ）

水に浸かると数日で幼虫になる
（孵化）

1～2週間でサナギになる
（蛹化）

写真提供：長崎大学熱帯医学研究所病害動物学分野

羽化の様子

ネッタイイエカの羽化の様子。蛹化してから１～２日で成虫になる。

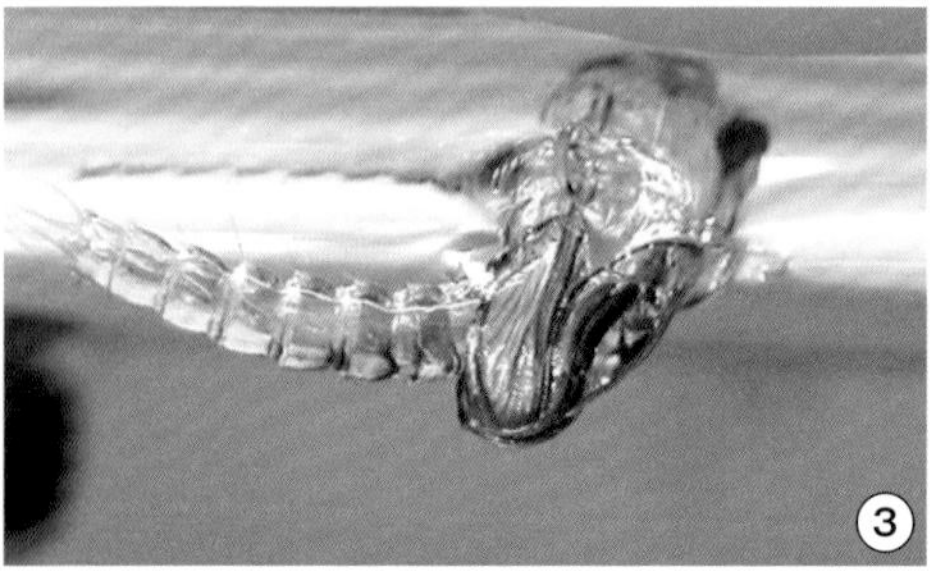

写真提供：宮城一郎

蚊のからだ

（→第1章P34〜39）

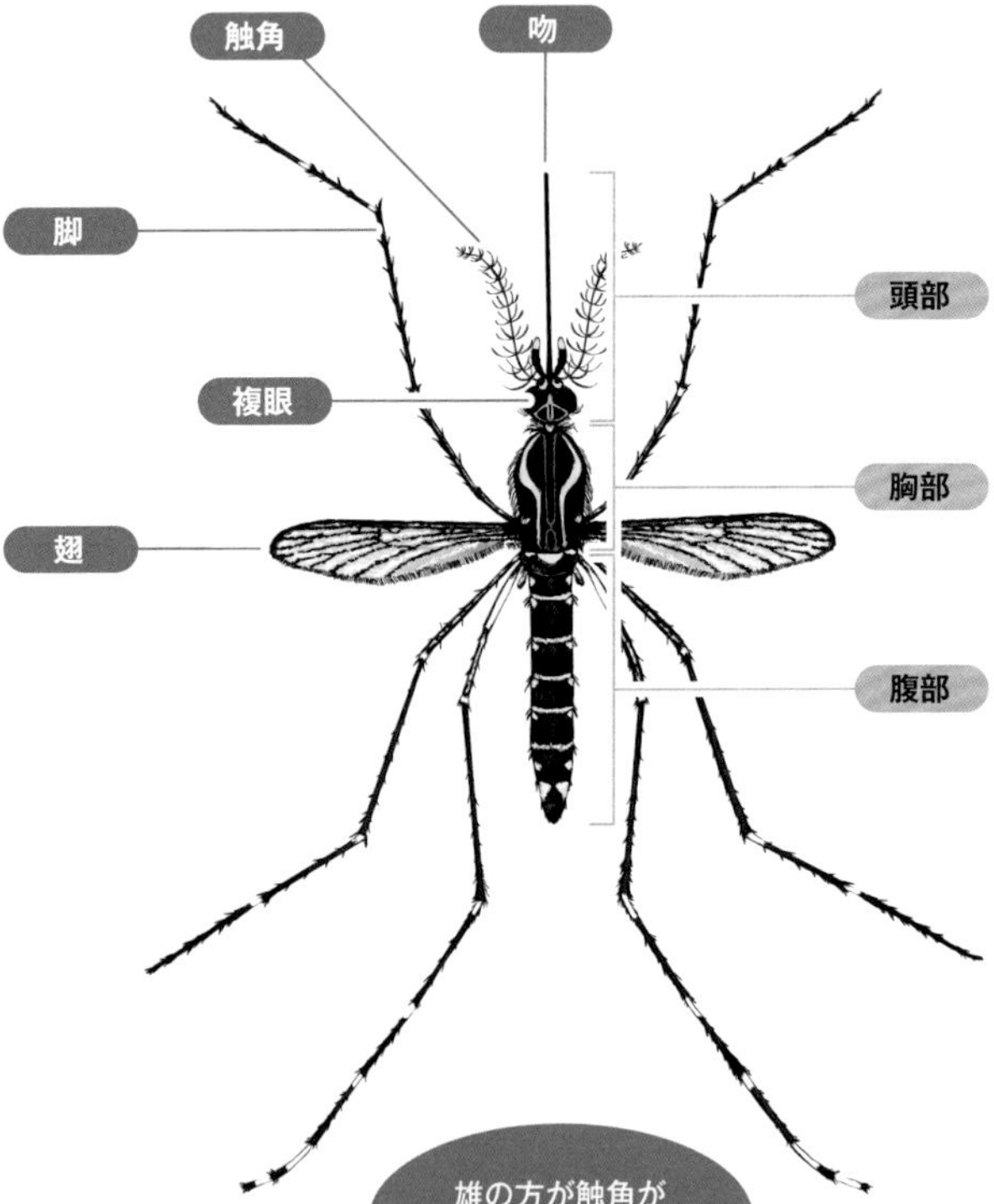

蚊の複眼

レンズをもった個眼（丸印）が大量に集合した器官で、1対の眼のように見える。
物の傾きや図形が認識でき、視界が広い利点がある。
蚊の複眼は、約1,000個の個眼が集まっている。

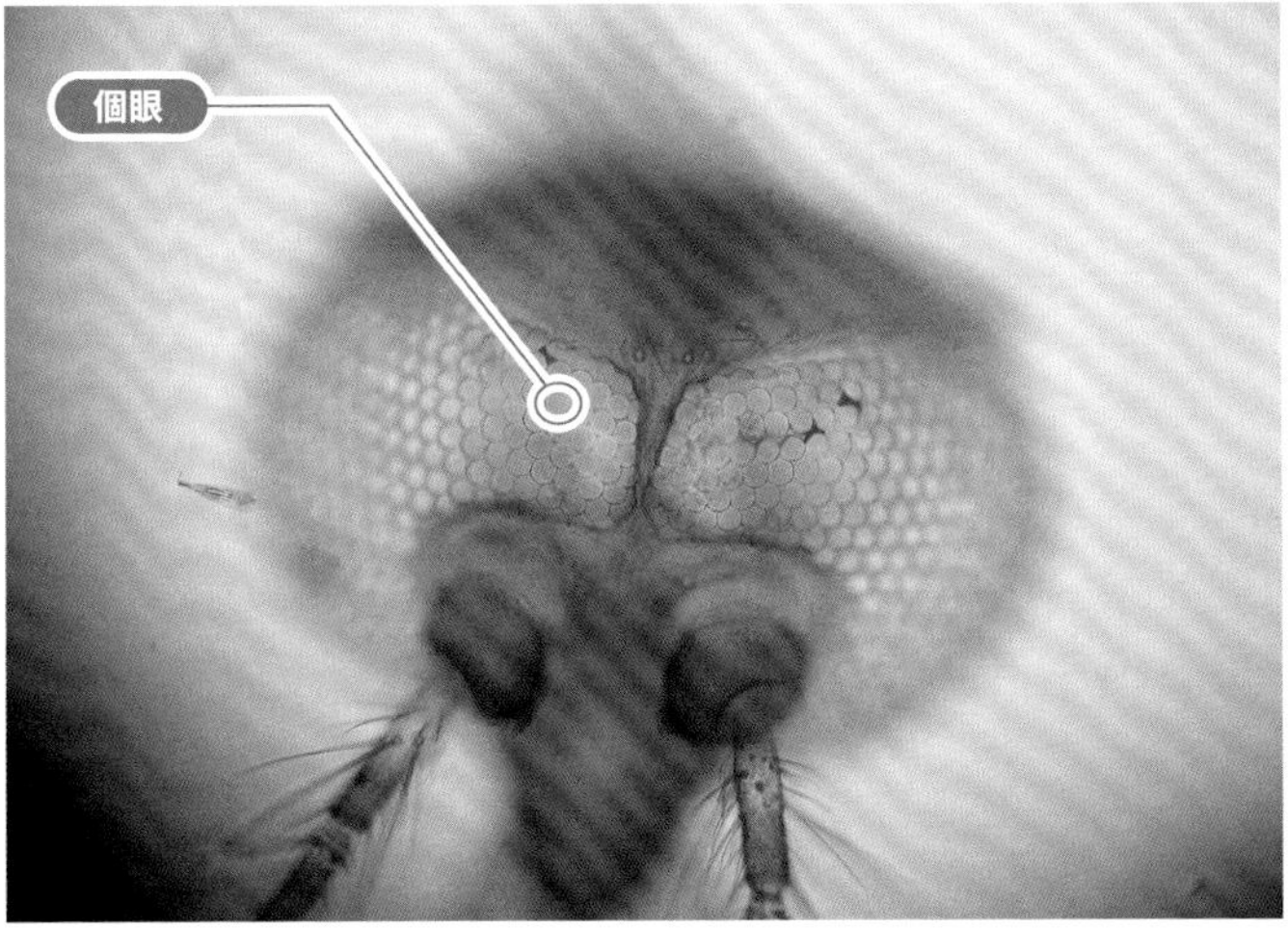

蚊の翅

蚊は、2枚の翅と退化した平均棍（丸印）をもつ。
翅には、鱗片が確認される。

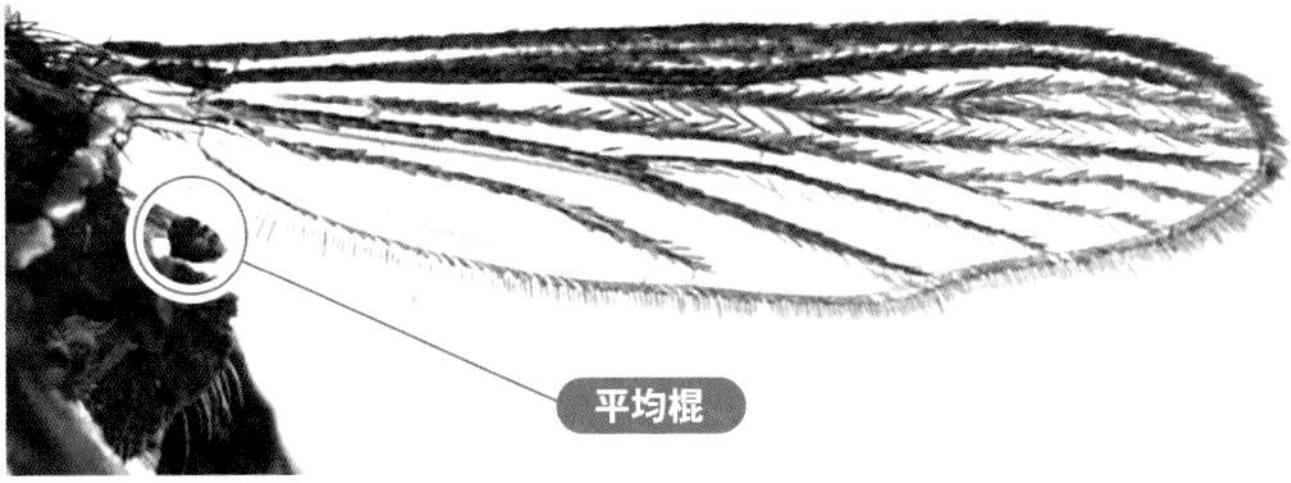

代表的な蚊

（→第1章P28〜33）

	ヒトスジシマカ	ネッタイシマカ
病気伝搬	・デング熱 ・ジカウイルス感染症 ・黄熱 ・チクングニア熱	・デング熱 ・ジカウイルス感染症 ・黄熱 ・チクングニア熱
成虫の活動時間	昼間	昼間
成虫の活動場所	屋外	屋内・屋外
幼虫の生息場所	雨水桝 タイヤ 空き缶	小容器 小さな水たまり
吸血嗜好性	 人 さまざまな動物	 人
越冬	乾燥卵	―
飛翔距離	200〜500m	50〜200m

	ヤブカ属 *Aedes*	
卵		
幼虫（ボウフラ）	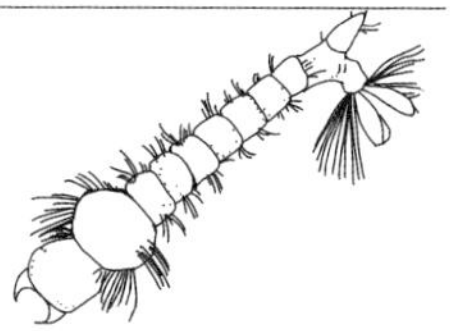	
蛹（サナギ）	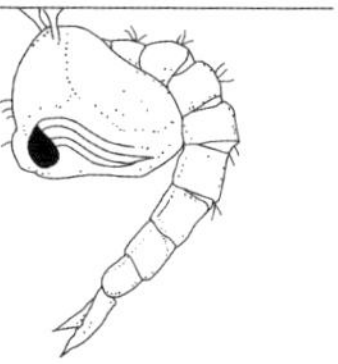	
成虫	ヒトスジシマカ *Aedes albopictus*	ネッタイシマカ *Aedes aegypti*
	英語でAsian tiger mosquitoという名をもつ。アジアから世界中へ分布を拡大中。	アフリカ起源のヤブカで、人の移動とともに世界各地に分布を拡大した。かつて日本にも生息が確認されたが、現在は定着していない。
生息地	日本 世界温帯	アフリカ 世界熱帯

ネッタイシマカ *Aedes aegypti*

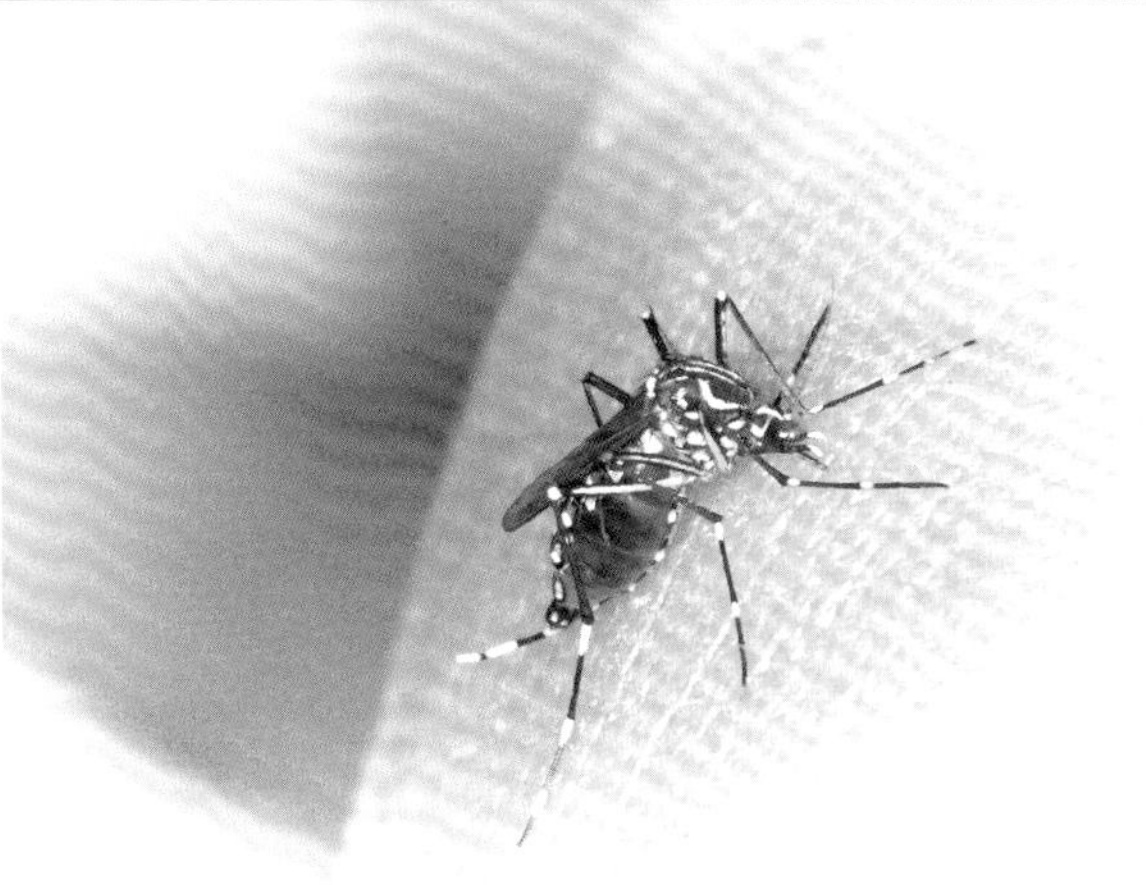

口絵a

ヒトスジシマカ *Aedes albopictus*

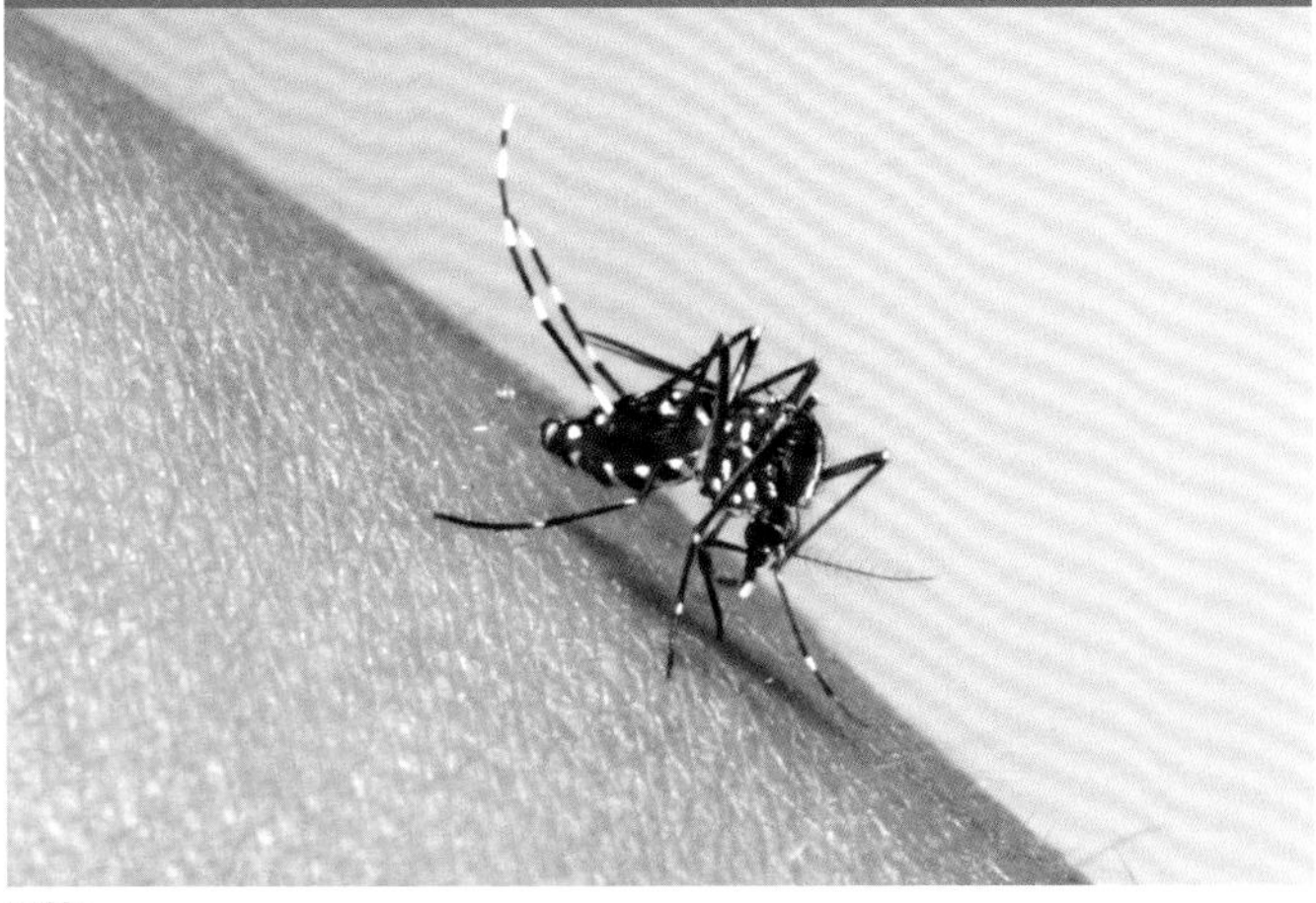

口絵b

写真提供：長崎大学熱帯医学研究所病害動物学分野

	アカイエカ	コガタアカイエカ
病気伝搬	・ウエストナイル熱 ・リンパ系フィラリア症 ・イヌのフィラリア症	・日本脳炎
成虫の活動時間	夜間	夜間（日没直後）
成虫の活動場所	屋内・屋外	屋外
幼虫の生息場所	雨水桝 下水溝	水田 湖沼
吸血嗜好性	 人  トリ	ブタ  トリ  ウシ   人
越冬	成虫	成虫
飛翔距離	2～4km	＞200km

	イエカ属 *Culex*	
卵	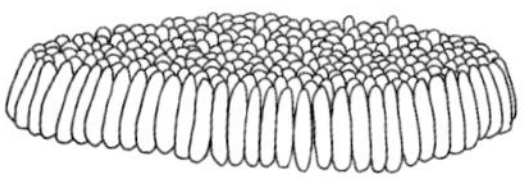	
幼虫（ボウフラ）	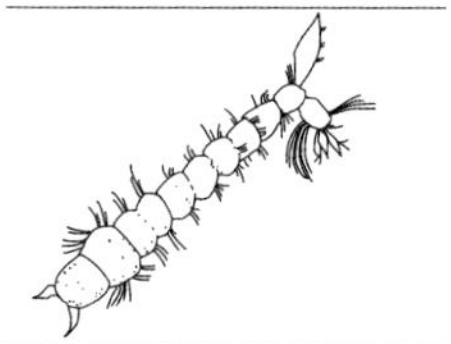	
蛹（サナギ）	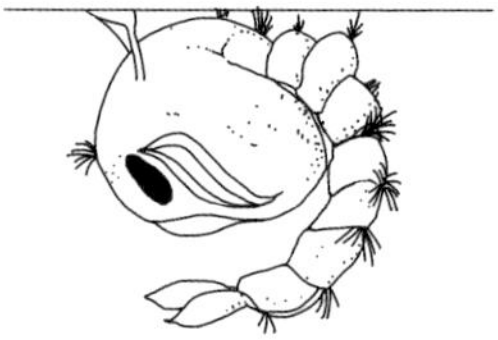	
	アカイエカ *Culex pipiens pallens*	コガタアカイエカ *Culex tritaeniorynchus*
成虫	人工的な環境によく適応し、雨水桝や排水溝などに発生する。人のほかにトリなども吸血する。	幼虫は水田などに発生する。夜間にブタやウシなどを好んで吸血する。口吻の中央部に白い縞模様がある。
生息地	日本 世界温帯	日本 アジア

コガタアカイエカ *Culex tritaeniorynchus*

口絵c

アカイエカ *Culex pipiens pallens*

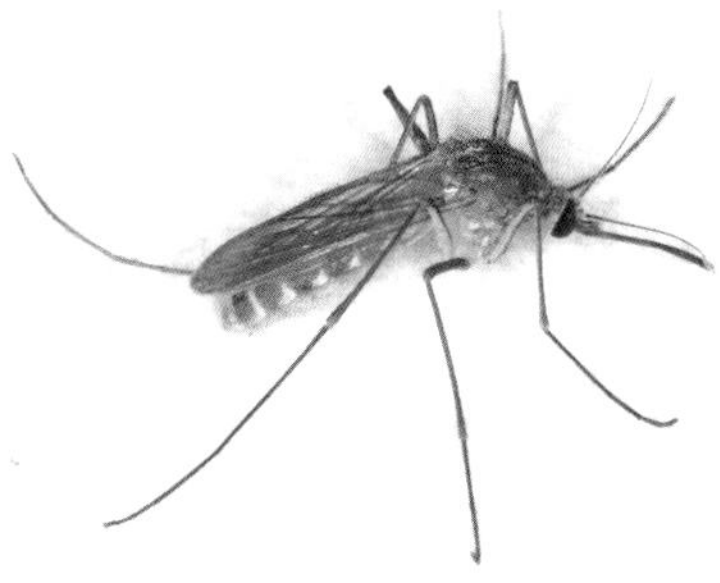

口絵d

写真提供：長崎大学熱帯医学研究所病害動物学分野

	シナハマダラカ	ガンビエハマダラカ
病気伝搬	・マラリア	・マラリア ・リンパ系フィラリア症
成虫の活動時間	夜間	夜間
成虫の活動場所	屋内	屋内
幼虫の生息場所	水田 湖沼	広い自然水域 水たまり
吸血嗜好性	 ウシ ウマ ブタ 人 大型哺乳類	 人
越冬	成虫	―
飛翔距離	1〜2km	1〜2km

ハマダラカ属 *Anopheles*		
卵		
幼虫（ボウフラ）	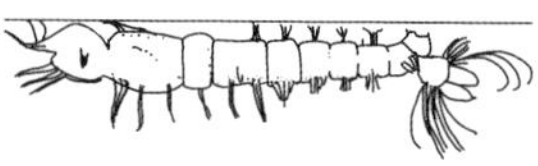	
蛹（サナギ）	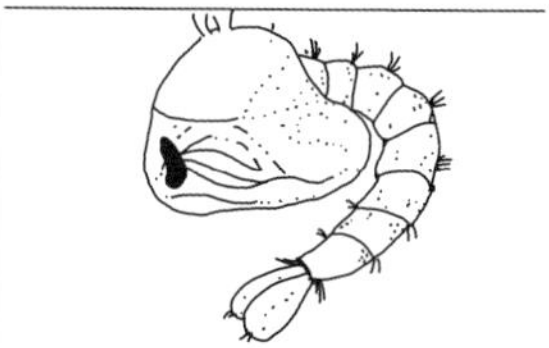	
成虫	シナハマダラカ *Anopheles sinensis*	ガンビエハマダラカ *Anopheles gambiae*
	日本に広く分布するハマダラカ。幼虫は水田などに発生し、成虫は夜間にブタやウシなどの大型動物を吸血する。	アフリカにおいて熱帯熱マラリア原虫を媒介する最も重要な蚊。降雨後、一時的にできる水たまりによく発生する。
生息地	日本 アジア	アフリカ

ガンビエハマダラカ *Anopheles gambiae*

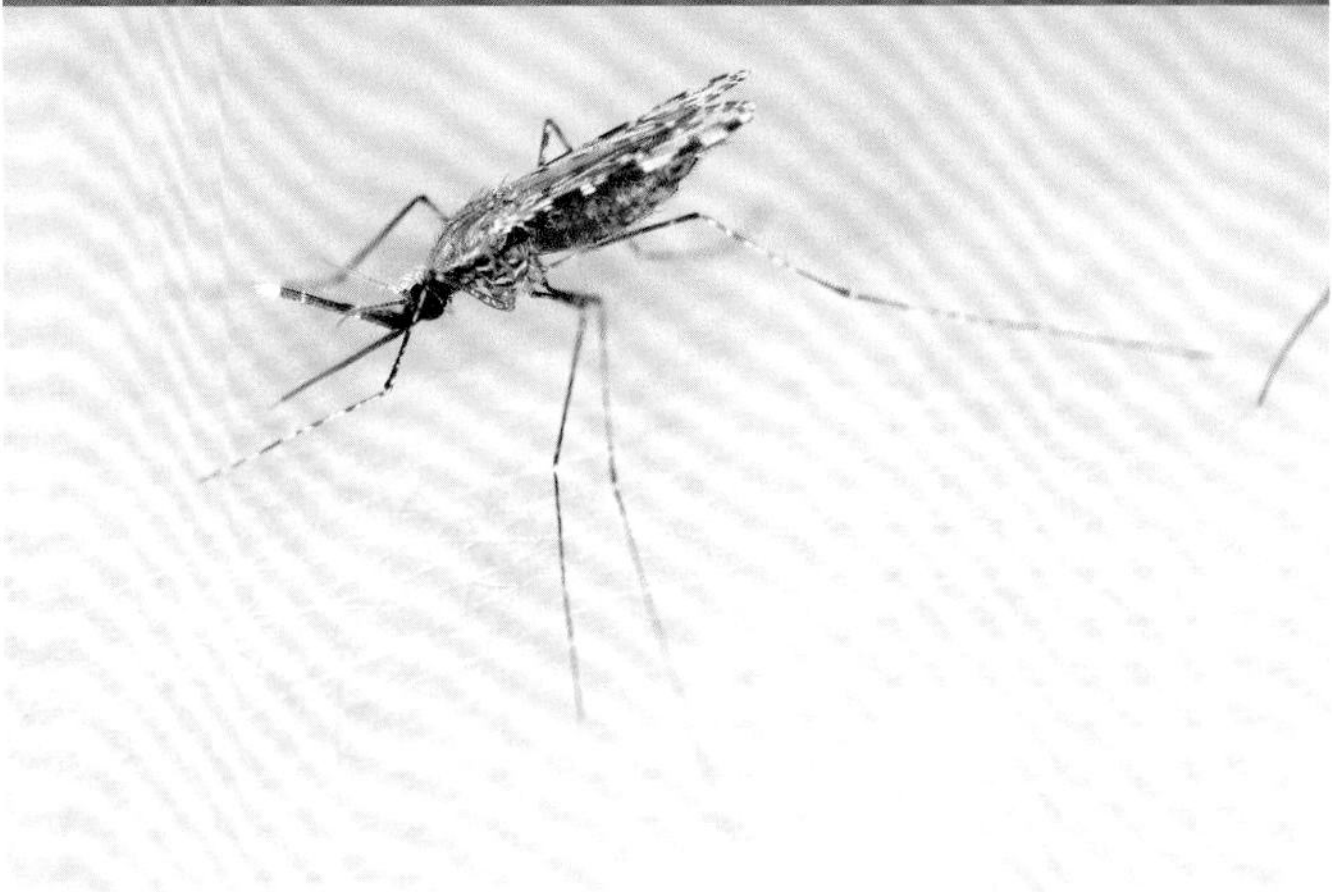

口絵e

シナハマダラカ *Anopheles sinensis*

口絵f

写真提供：長崎大学熱帯医学研究所病害動物学分野

オキナワアオガエルを吸血中のカニアナチビカ
撮影者：万年耕輔、宮城一郎（図案）
撮影場所：沖縄県国頭郡国頭村与那
撮影日：2009/11/5
吸血源動物：オキナワアオガエル
（→第１章P57～63）

ミナミトビハゼを吸血するカニアナヤブカ
マングローブ林（塩水湿地帯）の倒木上で休息中のミナミトビハゼ（①）、カニアナヤブカ（②）、ミナミトビハゼを吸血するカニアナヤブカ（③：室内撮影）。
撮影者：奥土晴夫、宮城一郎（図案）
（→第１章P57～63）

花の蜜を吸う雄のヒトスジシマカ
写真提供：長崎大学熱帯医学研究所病害動物学分野

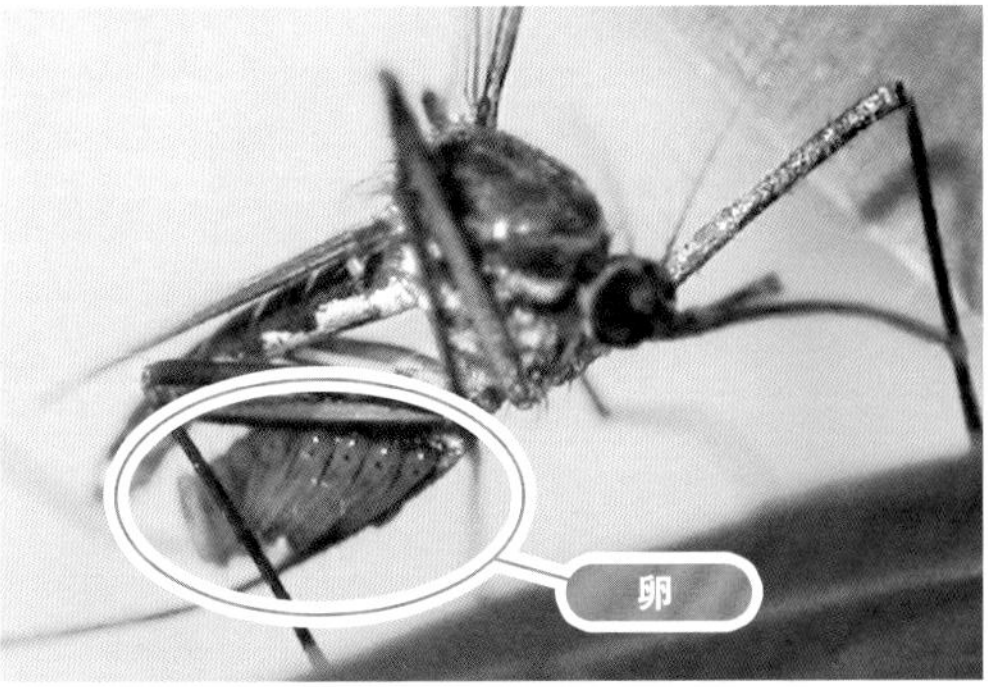

脚に卵を抱える*Armigeres fluvus*
撮影者：宮城一郎
撮影場所：マレーシア・ゴンバック
(第１章コラムP71)

さまざまな蚊

オオクロヤブカ
Armigeres subalbatus

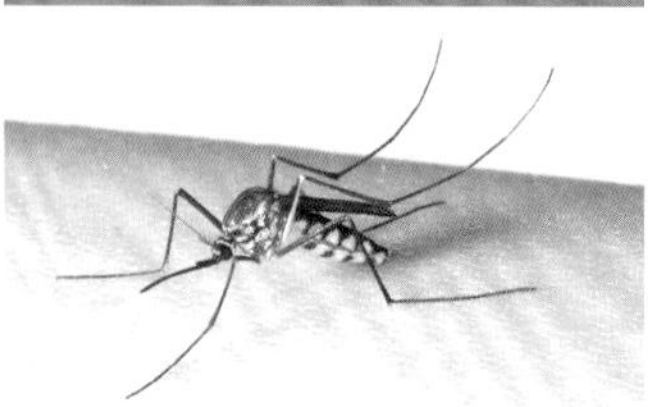

口絵h

トウゴウヤブカ
Aedes togoi

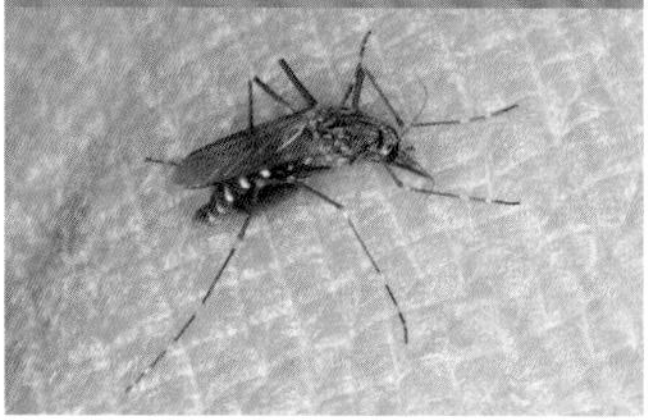

口絵g

コガタハマダラカ
Anopheles minimus

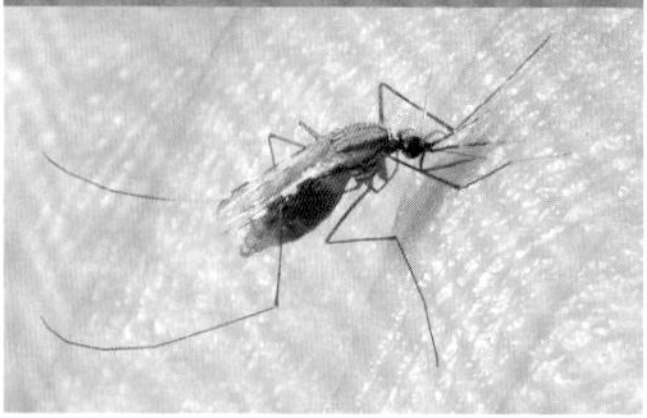

口絵j

ステフェンスハマダラカ
Anopheles stephensi

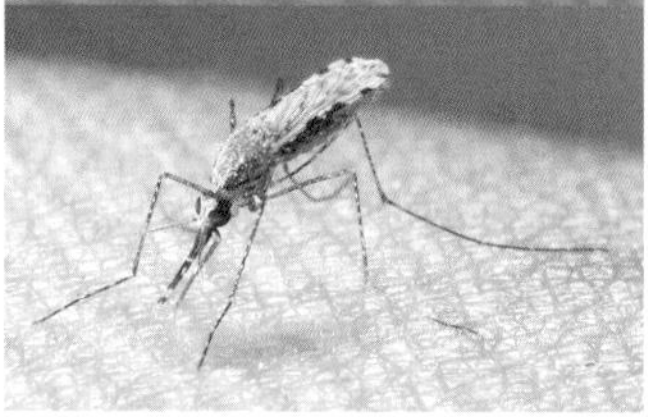

口絵i

キンパラナガハシカ
Tripteroides bambusa

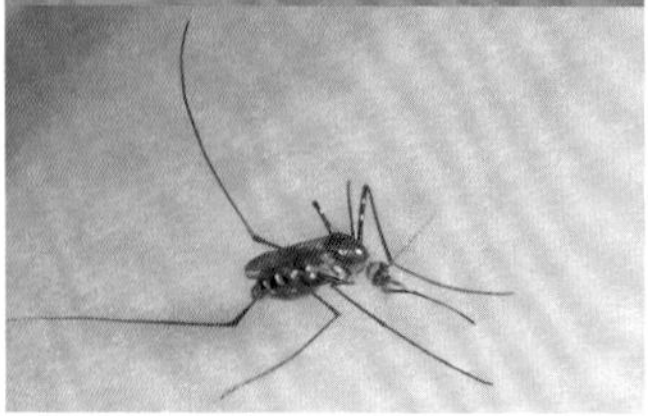

口絵l

スジアシイエカ
Culex vagans

口絵k

写真提供：長崎大学熱帯医学研究所病害動物学分野

はじめに

”蚊学《かがく》“ってなんだろう？

夏になるとぶーんといって飛んでくる虫、蚊。読者のみなさんにとって、最も身近な昆虫のひとつではないでしょうか。

世界中の人々にとっても、蚊は今も昔も生活のなかにいます。太平洋の島国、サモアには蚊をモチーフにした流行歌やダンスがあります。ザンビアのローカルマーケットには殺虫剤の缶でつくった蚊の飾りものが売られています。インドネシアでは大きな木製の蚊の模型もつくられています。日本でも蚊は俳句の季語になっていて、人々の日常の景色を写す文化のなかにいます。

蚊は、節足《せっそく》動物門の昆虫綱《こう》に属《ぞく》する翅《はね》が2枚のハエ目（双翅目《そうしもく》）、蚊亜目《かあもく》（長角亜目《ちょうかくあもく》）の蚊科《かか》に分類されている、小さな細長い虫です。そして、なんといっても特徴的なのは、蚊は血を吸う昆虫だということです。蚊のなかには吸血しない種類もいますが、吸血するということによって蚊は人と密接に関わり、痒《かゆ》いどころか、人の病気を起こす病原体を運んでしまう役目を負うことにもなりました。人間社会のなかで悪役としての地位を確立している蚊ですが、実は、不思議でおもしろい昆虫です。美しく精巧な体を持ち、賢く的確に行動し、人類の生まれるずっと前からこの地球で生きてきました。

日本にも世界にも、蚊を愛し、蚊を研究し、蚊と闘い、蚊を仕事としている人々がいます。私もそのひとりです。私は、蚊が運ぶ病気のひとつ「リンパ系フィラリア症」の制圧をライフワークとしてきましたが、蚊は私のバックボーンであり、世界保健機関（ＷＨＯ）では蚊の対策方針策定にも深く関わってきました。

蚊対策の基本は、「まずは蚊を知ろう。現状を把握しよう。先を見据えて、目的・ゴールを設定し、より効率のよい効果的な計画を立てよう」というものです。すなわち、蚊に関することを多面的に捉えることから始まります。私はそれを〝蚊学〟と呼んでいます。

私のなかの蚊学は、蚊という昆虫の生態を知ること、それを取り巻く環境・人間社会・文化を知ること、蚊と闘う武器や道具・戦術を知ること、蚊が運ぶ病気を知ることです。そして蚊と人が地球上でつくり出すあらゆる物語をハッピーエンドにもっていく方法を考えることです。

そんな蚊学を、みなさんと広く考察する場として、２０１９年夏、日本科学未来館で『ぶ〜ん蚊祭 もっと知ろう！ 蚊の世界』を開催しました。「蚊と遊ぶ」、「蚊を学ぶ」、「蚊と闘う」、「蚊を探る」、「蚊を考える」という枠組みで展開した蚊学の入門イベントでした。本書は、そのイベントにご協力いただいた蚊の研究者、防虫用品メーカー、公衆衛生の専門家などの方々に再び協力していただき、「たくさんのみなさんに蚊に興味をもってもらうきっかけになれば」という思いから誕生しました。読者の方々が、ページごとに広がる蚊学の世界を楽しんで、ご自身の蚊学を見つけ出していただけたら幸いです。

担当編集者の根本淳矢さんには、本の企画、構成からさまざまな調整そして校閲までお世話になりました。心よりお礼申し上げます。また、各章をご担当いただいた執筆者の方々は、それぞれの立場、専門、経験、仕事こそ異なりますが、〝蚊〟というキーワードでつながり、こうして、ひとつの本をつくり上げてくださいました。その大きな気持ちに深く感謝申し上げます。

２０２１年６月

一盛　和世

編著者・執筆者一覧（所属は2021年6月現在）

■編著者

一盛 和世
長崎大学／James Cook University
（3-3、3-9、4-5、コラム3-2）

■執筆者（掲載順）

川田 均
長崎大学熱帯医学研究所（口絵）

比嘉 由紀子
国立感染症研究所 昆虫医科学部
（1-1、1-2、1-3、1-4、1-5、1-7、コラム1-1、コラム1-5）

沢辺 京子
国立感染症研究所 安全実験管理部／昆虫医科学部
（1-6、2-6、3-6、3-7、3-8、コラム1-3）

砂原 俊彦
長崎大学熱帯医学研究所（コラム1-4、コラム4-1）

谷川 力
（公社）東京都ペストコントロール協会／イカリ消毒㈱
（2-1、2-2、コラム1-2）

茂手木 眞司
（公社）日本ペストコントロール協会
（2-1、2-2、コラム2-2）

上山 久史・北 伸也
大日本除虫菊㈱（2-3、2-4）

油野 秀敏・中辻 雄司
アース製薬㈱（2-5）

森田 公一
長崎大学熱帯医学研究所（3-1）

狩野 繁之
国立国際医療研究センター研究所 熱帯医学・マラリア研究部
（3-2、付録2）

平 健介
麻布大学 獣医学部 寄生虫学研究室（3-4）

忽那 賢志
国立国際医療研究センター 国際感染症センター（3-5）

矢島 綾
世界保健機関（WHO）（3-9）

多賀 優
北海道大学 人獣共通感染症国際共同研究所（3-10）

佐々木 崇
住友化学㈱生活環境事業部（コラム3-1）

高橋（松本）エミリー
国立国際医療研究センター研究所 熱帯医学・マラリア研究部（コラム3-3）

皆川 恵子
（一財）日本環境衛生センター（4-1、コラム2-1、コラム4-2）

有吉 立
アース製薬㈱（4-2）

白井 良和
害虫防除技術研究所／㈲モストップ（4-3）

大滝 倫子
九段坂病院（4-4）

小川 和夫
（公財）目黒寄生虫館（コラム4-3）

平岡 浩佑
アース製薬㈱（付録1）

yosu
シンガーソングライター（付録3）

山田 矩子
㈱イエローツーカンパニー（付録4）

内山 翔二郎
彫刻家（付録5）

第1章

蚊ってなに？

1-1 蚊の種類

▼世界と日本の蚊の種類

世界からはこれまで約３６００種、日本からは１１２種の蚊が記録されています（**表1-1**）。日本の家屋周辺で採集されるのは10種くらいですから、目に触れないところに１００種近くもいるということになります。どのような形態的特徴をもつ昆虫を蚊と分類しているかについては、本章34頁「蚊のからだ」で説明します。

蚊は全てハエ目蚊科に属しています。分類学では、似たような形態的特徴をもつ種をまとめて属というグループに分け、さらに似たような特徴をもつ属をまとめて族《ぞく》というグループに分けています。族をまとめたものが亜科です。私たちがよくイエカ、ハマダラカ、ヤブカと言っているのは、イエカ属、ハマダラカ属、ヤブカ属のことを意味しています。

では、日本の蚊種で、特に私たちになじみ深く、病気と関係の深い、イ

Family 科	Subfamily 亜科	Tribe 族	Genus 属	Species 種	和名
Culicidae 蚊科 3,559種	Anophelinae ハマダラカ亜科 3属488種		*Anopheles* ハマダラカ属 475種	*sinensis* *lesteri* *yaeyamaensis* *gambiae*	シナハマダラカ オオツルハマダラカ ヤエヤマハマダラカ ガンビエハマダラカ※
	Culicinae ナミカ亜科 11族 3,071種	Aedini ヤブカ族 11属	*Aedes* ヤブカ属 931種	*aegypti* *albopictus* *lindesayi japonicus* *togoi*	ネッタイシマカ※ ヒトスジシマカ ヤマトヤブカ トウゴウヤブカ
			Armigeres クロヤブカ属 58種	*subalbatus*	オオクロヤブカ
		Culicini ナミカ族 4属	*Culex* イエカ属 769種	*pipiens pipiens* *p. pallens* *p. form molestus* *quinquefasciatus* *tritaeniorhynchus*	トビイロイエカ※ アカイエカ チカイエカ ネッタイイエカ コダカアカイエカ
		Ficalbni エセコブハシカ族 2属	*Mimomyia* コブハシカ属 45種	*elegans* *luzonensis*	マダラコブハシカ ルソンコブハシカ
			Ficalbia エセコブハシカ族 8種	*ichiromiyagii*	オキナワ エセコブハシカ
		Mansoniini ヌマカ族 2属	*Mansonia* ヌマカ族 14種	*uniformis*	アシマダラヌマカ
		Sabethini ナガハシカ族 14属	*Tripteroides* ナガハシカ族 122種	*bambusa*	キンパラナガハシカ
		Uranotaeniini チビカ族 1属	*Uranotaenia* チビカ族 271種	*novobscura*	フタクロホシチビカ
		Toxorhynchitini オオカ族 1属	*Toxorhynchites* オオカ属 89種	*towadensis*	トワダオオカ

Harbach（2008），Wilkerson et al.（2015）より作成　　※国内には分布しない種類

表1-1：ハエ目（双翅目）蚊科（一部抜粋）

表にはアルファベットの名前と和名のふたつがある。日本から記録されている蚊は和名をもっているが、特に病気を媒介するような重要な蚊については、ほかの国も同じようにその国々での名前をもつ。しかし、世界中に分布している蚊について研究者が意見をかわす場合、同じ蚊のことについて議論する際に共通の名前がないと混乱が生じるため、18世紀にスウェーデンの学者リンネによって、生物に属名と種小名からなる「学名」という世界共通の名前をつけることが提案された。それがアルファベットで表記されている名前であり、現在も生物学の世界で使われつづけている。蚊は世界中で約3,600種類、日本には18属112種類が記録されている。

エカ属、ハマダラカ属、ヤブカ属について形態的な特徴を中心に見てみましょう。

▼ハマダラカ属

翅に斑《まだら》模様がある蚊です。マラリア＊原虫《げんちゅう》を媒介《ばいかい》する蚊としてよく知られています。ほかの属の蚊と大きく違うのは、壁に止まる時にお尻の先っぽ（腹部）をピンと上にあげているところです（**図1-1**）。これは肉眼でもすぐに確認できるため、壁に複数種類の蚊が止まっていても、ハマダラカだけを選んで採集することができます。採集に成功したら、ぜひ翅も観察してください。斑模様を見ることができます。ハマダラカ属は数種をのぞき、夜間活動性《やかんかつどうせい》＊で夜に吸血します。

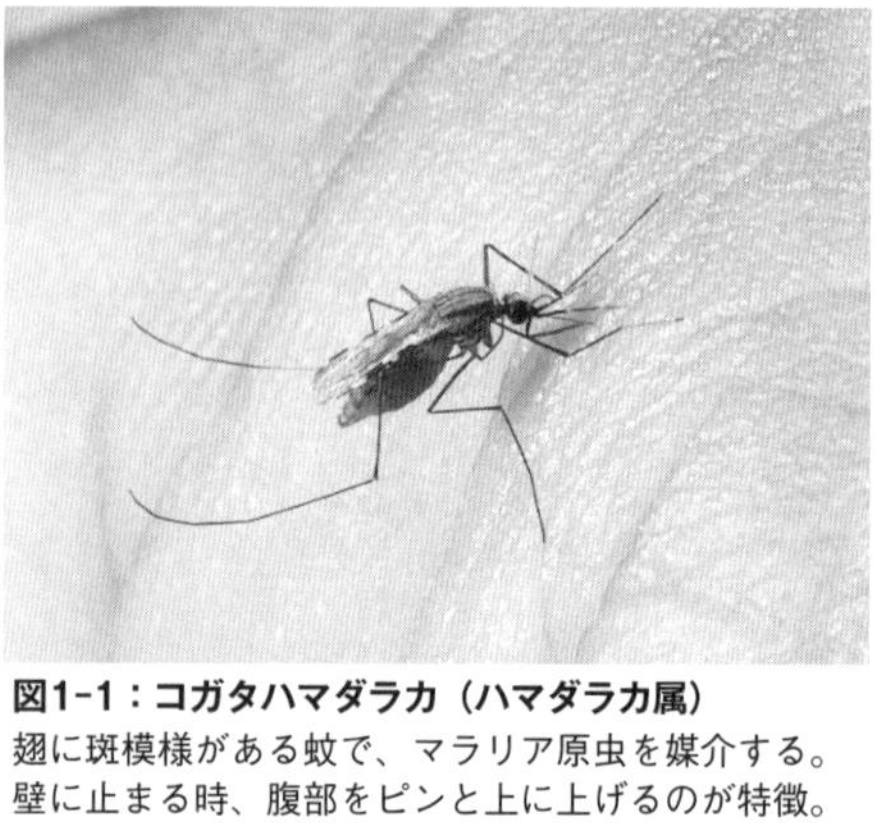

図1-1：コガタハマダラカ（ハマダラカ属）
翅に斑模様がある蚊で、マラリア原虫を媒介する。壁に止まる時、腹部をピンと上に上げるのが特徴。多くの種が夜間に活動し、夜に吸血する。

＊**マラリア**…第3章125～132頁参照。

＊**夜間活動性**…夜に吸血や飛翔などの活動を行う性質のこと。一方、昼に吸血や飛翔などの活動を行う性質のことを、昼間活動性という。

▼ヤブカ属

全体的に黒色の鱗片《りんぺん》に覆われ、ところどころ白色鱗片があり、体中に縞《しま》模様があるのが特徴です（図1－2）。ハマダラカと違って、壁に止まる時に腹部は壁側に向かっています。名前の通り、藪《やぶ》に潜んでいることが多く、主に昼に吸血します。ヤブカ属は、デング熱*、チクングニア熱*、ジカウイルス感染症*のウイルスを媒介する種を含んでおり、ネッタイシマカ（口絵a）やヒトスジシマカ（口絵b）がよく知られています。

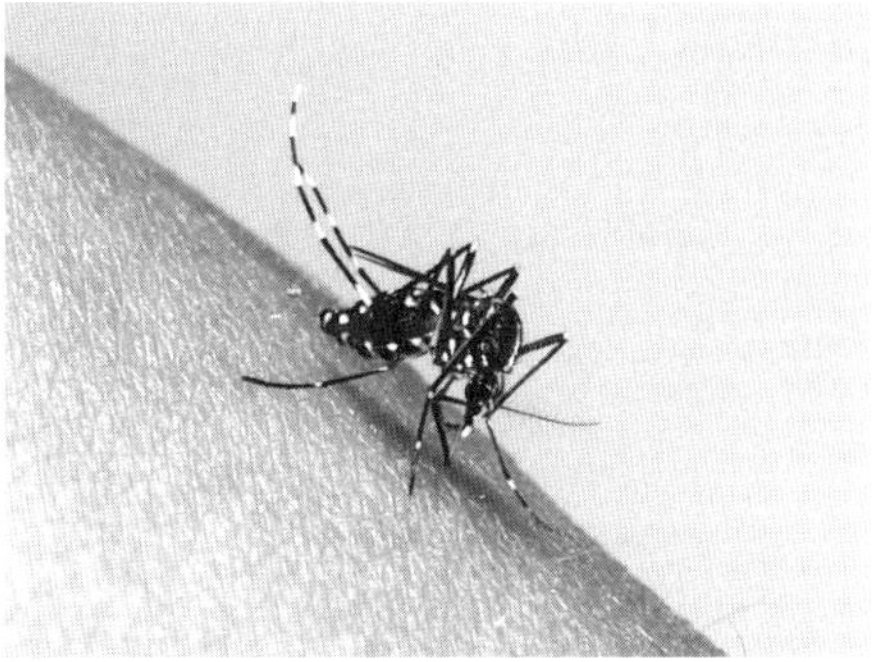

図1-2：ヒトスジシマカ（ヤブカ属）
体中に縞模様がある蚊で、多くの感染症を媒介する。壁に止まる時、腹部は壁側に向かっている。主に昼に吸血する。

▼イエカ属

全体的に茶色の体色をして

***デング熱**…第3章120～124頁参照。

***チクングニア熱**…ネッタイシマカやヒトスジシマカなどのヤブカによって媒介されるチクングニアウイルスによる感染症。有効なワクチンや治療薬はなく、感染者に対しては主症状である発熱や関節痛に対する対症療法を行う。日本では現在のところ輸入例の報告があるのみである。

***ジカウイルス感染症**…第3章150～152頁参照。

います（図1－3）。ハマダラカと違って、壁に止まる時に腹部は壁側に向かっています。またヤブカと違って、胸部にはほとんど鱗片がついていません。夜間活動性の種が多く、夜に吸血します。イエカ属の蚊にはウエストナイルウイルス*やフィラリア*を媒介するアカイエカ（口絵d）、日本脳炎ウイルスを媒介するコガタアカイエカがいます（口絵c）。

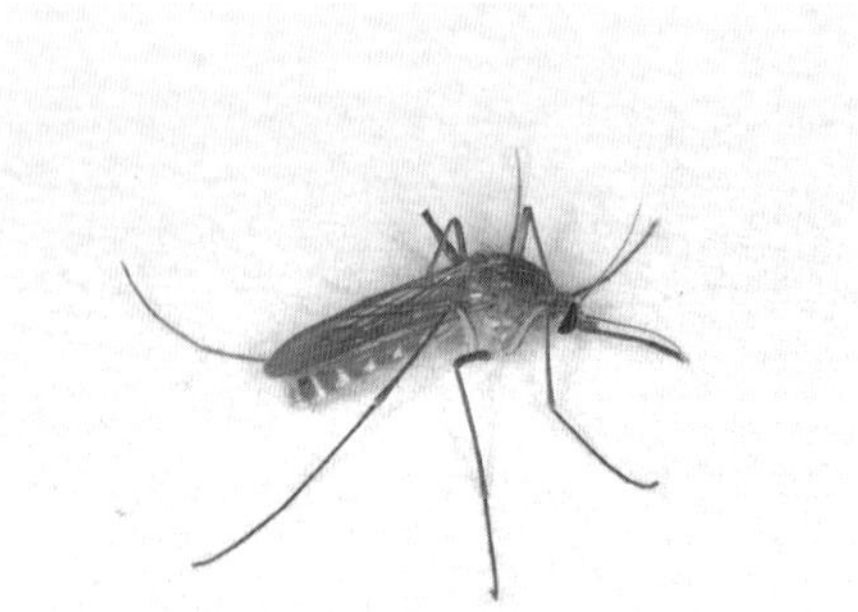

図1-3：アカイエカ（イエカ属）
体色が全体的に茶色く、ウエストナイルウイルスや日本脳炎ウイルスを媒介する。壁に止まる時、腹部は壁側に向いている。夜に吸血する種が多い。

▼琉球列島に17属77種が分布

冒頭で述べたように、日本からはこれまで18属112種の蚊が記録されています。そのなかで最も蚊相が豊富なのは沖縄県の琉球《りゅうきゅう》列島です。琉球

＊ウエストナイルウイルス…ウエストナイル熱を引き起こすウイルス。イエカ、ヤブカなどさまざまな種類の蚊によって媒介される。鳥と蚊の間で感染環が維持されていると考えられている。アフリカ、ヨーロッパから西アジア、北米に広く分布しているが、日本ではまだ確認されていない。

＊フィラリア…第３章１３３〜１４４頁参照。

列島の面積は日本国土のわずか2％であるものの、蚊の種類は17属77種です。日本の都道府県のなかで最も面積の大きい北海道で記録されているのは7属44種ですから、琉球列島の蚊相がいかに豊富かが分かります。世界の近隣の国や地域では、台湾から15属約110種、フィリピンから19属約330種、タイから18属約400種、マレーシアから20属約440種、インドネシアから19属約550種が記録されています。

蚊は熱帯、亜熱帯を中心に分布している昆虫であると言え、日本の琉球列島の蚊相は東南アジアの国々と比べると種数こそ少ないものの、地域固有の属を除けば共通する属や種が多く、「東南アジアの蚊相のミニチュア版」と言うこともできます。加えて、熱帯から温帯に至る複数の気候区の蚊が共通して生息しています。これらのことから、日本で蚊の研究を始める場合はまずは琉球列島に行け、と言われているくらいです。

1-2 蚊のからだ

▼成虫

蚊は昆虫の仲間です。昆虫のからだは、頭部、胸部、腹部の３つに分かれていて、胸部には脚が６本、翅が４枚ついています。しかし、蚊を含めたハエ目の昆虫は若干の違いがあり、翅は４枚ではなく２枚です（**図１－４**）。ハエ目の昆虫は後ろ翅が退化し、翅の後ろに小さくちょこんとくっついていて、平均棍《へいきんこん》と呼ばれています（**図１－５**）。そのため、ハエ目の昆虫は双翅目と呼ばれることもあります。

では、私たちが蚊と呼んでいる昆虫は、

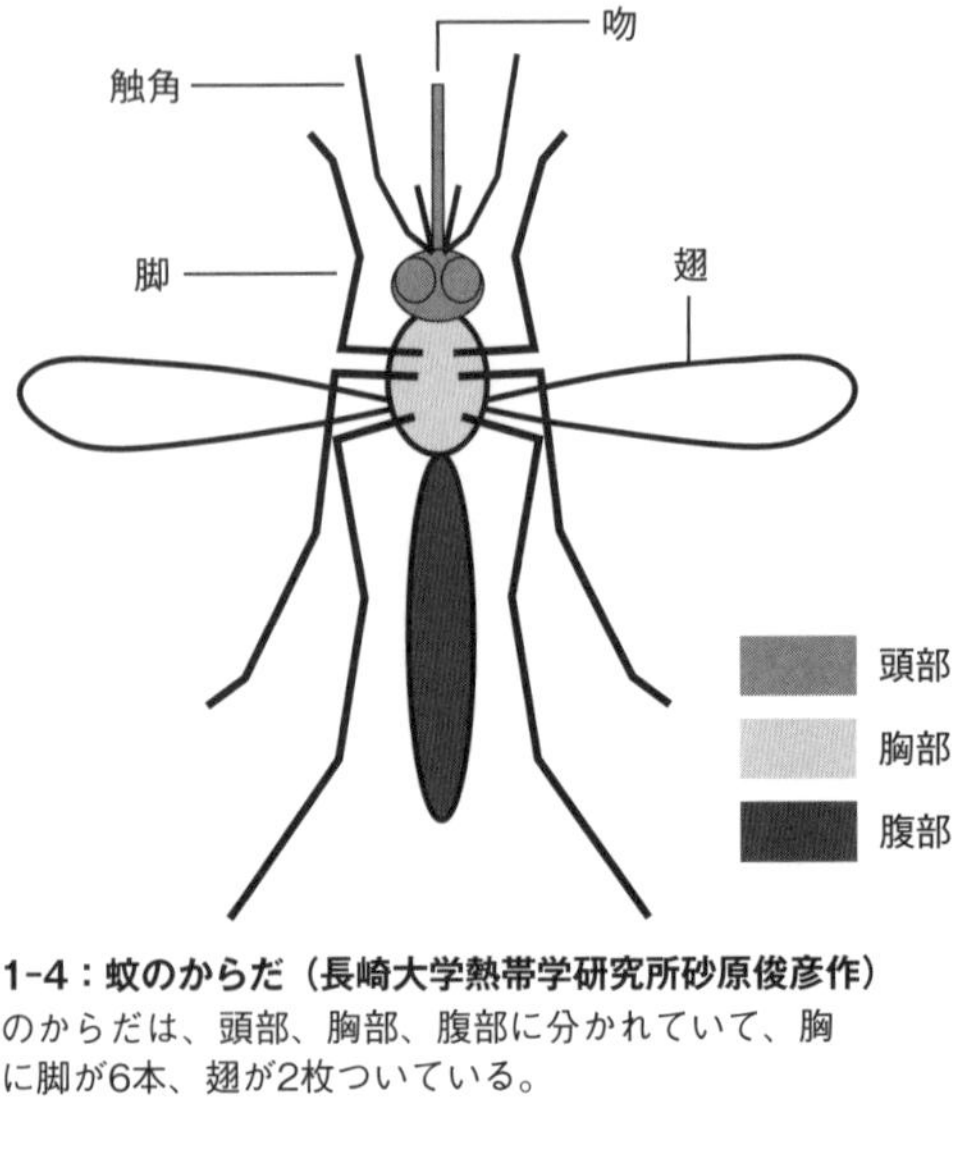

図1-4：蚊のからだ（長崎大学熱帯学研究所砂原俊彦作）
蚊のからだは、頭部、胸部、腹部に分かれていて、胸部に脚が6本、翅が2枚ついている。

ハエ目のなかで、どのような形態的な特徴をもっている昆虫なのでしょうか。まず、触角《しょっかく》を見てみましょう。蚊の触角は、少なくとも13節以上の節からできている、とても長いものです。このような昆虫は長角亜目に分類されます。次に翅を見てください。鱗片と呼ばれる、魚がもっているような小さな鱗状のものがたくさんついています（図1－5）。チョウについている鱗片というとイメージができるでしょうか。鱗片は実体顕微鏡《けんびきょう》＊を使用すると観察をすることができます。最後に頭部を見ます。吻《ふん》と呼ばれる口に相当するものがついています。長くて、まるでストローのようですね。種によって長さは多少異なり、頭部から腹部までの長さよりも吻が長いという種もいます。吻が長いと、毛むくじゃらの動物からも容易に吸血できそうです。ここまで述べてきた特徴は全ての蚊に共通している形態になります。

次に雌雄《しゆう》の違いを見てみます。区別するのはとても簡単で、触角の毛がふさふさしているのが雄《おす》、毛がまばらでスカスカなのが雌《めす》です（**図1－6**）。視力がよければ肉眼でも違いを見ることができます。

おさらいをします。私たちが蚊と呼んでいる昆虫の形態的特徴は、①翅

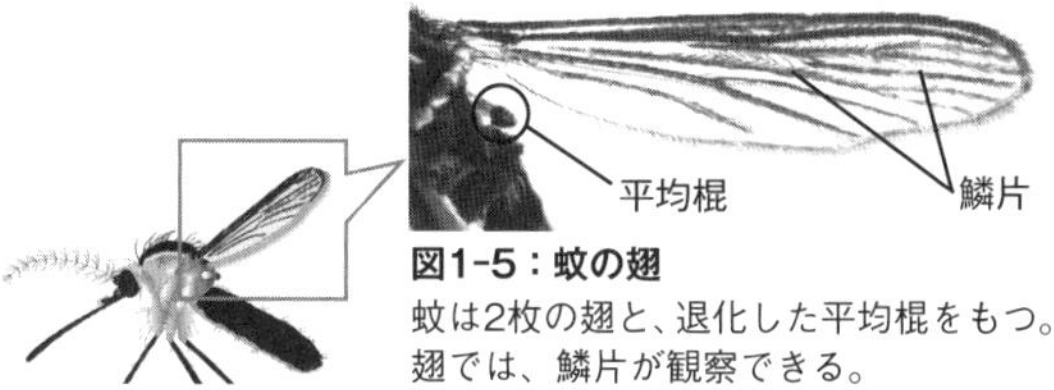

図1-5：蚊の翅
蚊は2枚の翅と、退化した平均棍をもつ。翅では、鱗片が観察できる。

＊**実体顕微鏡**…顕微鏡の一種。およそ10～60倍の比較的低倍率で観察を行う。立体的な外部形態の観察に適している。

が2枚、②触角の節が多く長い（13節以上）、③翅に鱗片がついている、④吻が長い、となります。これで蚊の成虫を、ほかの昆虫から見分けられるようになったでしょうか。

▼幼虫

吸血のために自ら近づいて来ることもあって、形態や分類の研究が進んでいるのは成虫ですが、蚊は病原体を媒介する重要性から、ほかの昆虫に比べて幼虫（ボウフラ）の研究も盛んに行われています。幼虫についての最初のポイントは水の中にいることです。これはとても重要です。水の中で幼虫時代を過ごすハエ目の昆虫が少ないからです。

さて、幼虫のからだについて見ていきましょう。幼虫も、頭部、胸部、腹部の3つからなっています（**図1-7**）。しかし、成虫と違って翅や脚がありません。そのため、幼虫時代はずっと同じ水たまりの中で過ごします。例外的に数㎝の短い距離ならほふく前進しながら移動する種もいますが、ほとんどの種は別の水たまりに移動することはありません。頭部には触角が2本あります。触角は頭の両端にあり、

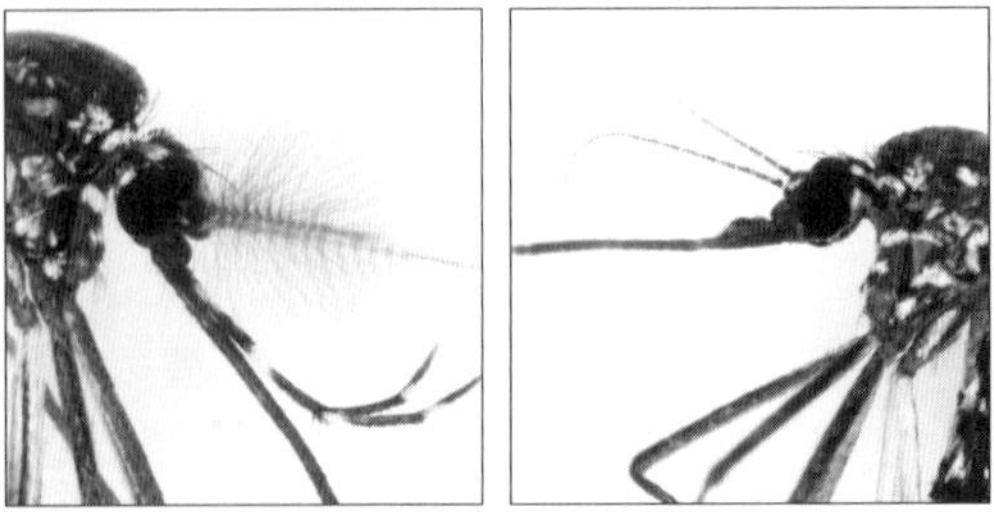

図1-6：雌雄の違い
触角の毛がふさふさしているのが雄（左）で、まばらでスカスカなのが雌（右）。雌と雄の恋愛事情については本章69頁のコラムを参照。

写真提供：長崎大学熱帯医学研究所病害動物学分野

中央部に触角がある近縁のチスイケヨソイカやケヨソイカと区別することができます（図1－8）。口もあり、幼虫時代は常にもぐもぐ動かして水中の栄養分を得ています。胸部は節がなく、種によって頭部や腹部に比べてとても大きいなどの違いが見られます。腹部は8節に分かれていて、末端には呼吸のための長い呼吸管がついています。幼虫時代は形態で雌雄の区別をすることができません。

肉眼で見ていると気がつかないのですが、顕微鏡でのぞくと幼虫の体中に数百本の細かい毛が生えています（図1－9）。成虫に比べると形態がシンプルではありますが、よく見るとかわいくなってくるから不思議です。

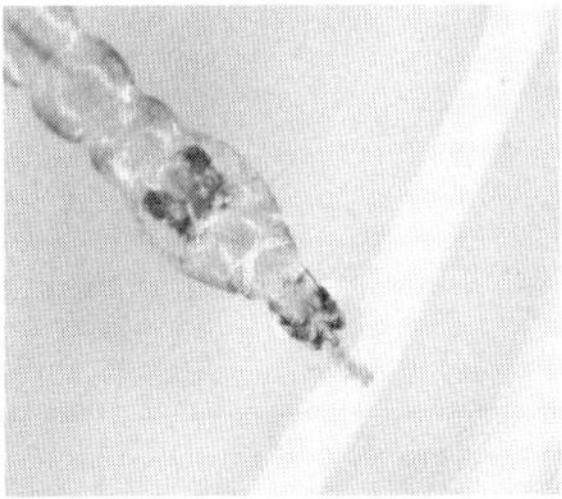

図1-8：ケヨソイカの幼虫
蚊とは違い、中央部に触角がある。

図1-9：ボウフラの細かい毛

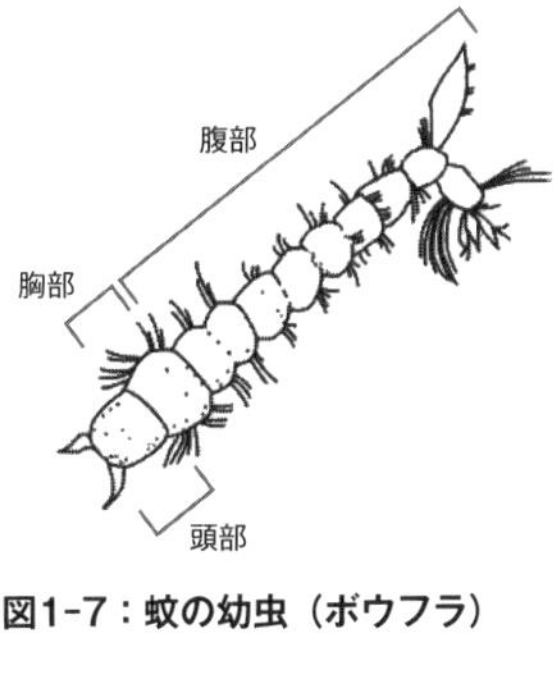

図1-7：蚊の幼虫（ボウフラ）

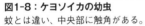

▼蛹

蛹《さなぎ》のからだも、頭部、胸部、腹部の3つからなっています（図1－10）。しかし、幼虫に輪をかけて形態がシンプルで、全体の形はカンマ（，）のようなくるりんと丸まった形をしています。蛹の間は、幼虫と違って餌《えさ》を食べることはありませんが、盛んに動き回ります。全身には、幼虫と同じように細かい毛が生えています。腹部末端に生殖器になる部分があり、それで雌雄を見分けることができます。成虫になる準備ができてくると、蛹の体色がだんだん濃くなり、殻の外から羽化《うか》間際の成虫の姿を確認することができます（図1－11）。

▼成虫・幼虫の呼び方

蚊の研究をしていて、ふだん昆虫にあまり接しない方々とお話をしていると、「蚊」というと一般的にはぶ～んと飛んで刺しに来る「成虫」のことを指しているのだと思うことが多々あります。これは日本に限ったことではなく、これまで蚊の調査で東南アジアやアフリカ15カ国ぐらいを訪問しましたが、海外でも同じ傾向があることに気がつきました。

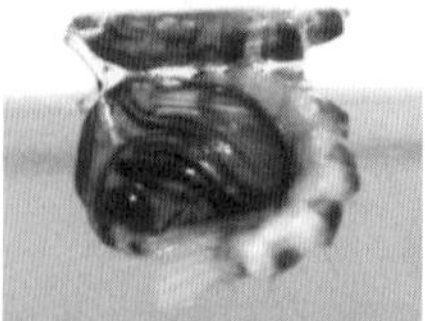

図1-11：体色が濃くなっている蛹

写真提供：宮城一郎

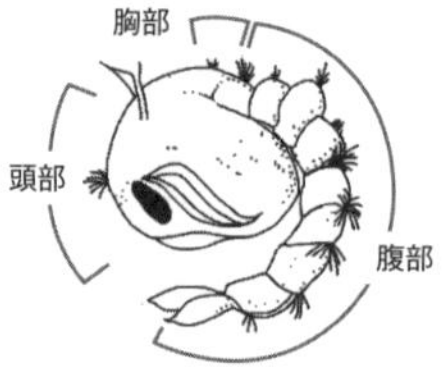

図1-10：蚊の蛹

日本では、蚊の幼虫をボウフラ、蛹をオニボウフラと呼んでいますが、おもしろいことに海外でも蚊の成虫、幼虫に対してそれぞれ現地の言葉*があるのです。残念ながら、蚊が人間に好かれているために発育ステージごとに名前をもらっているとは思えませんが、世界中の人々にとって、蚊がいかに身近な存在であるかを感じます。蚊に人生を捧げている私にとっては蚊の扱いがほかの昆虫のそれと違っていると、なんだかうれしくなってしまいます。

*たとえば、ベトナム語では蚊の成虫を「muỗi」、幼虫を「bo gay」と言う。フィリピンのタガログ語では蚊の成虫を「lamok」、幼虫を「kiti-kiti」、蛹を「ulo-ulo」と言う。海外で調査をする時はまず蚊の成虫、幼虫、採集する、に相当する現地の言葉を覚えると、片言だが地元の方とコミュニケーションが取れて楽しい。

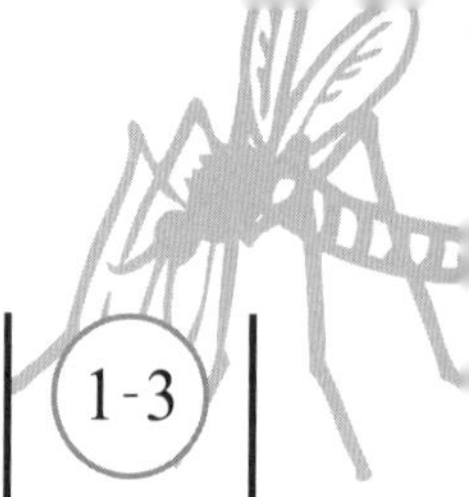

1-3 蚊の一生

蚊は、体内の卵を育てるために、雌のみが人や動物から吸血します（図1－12）。吸血した雌は血液の栄養分を利用して、3日ほどかけて卵を発育させ、成熟《せいじゅく》した卵をもった雌は、卵を産みつけられる水たまりを探します。本章44頁「ボウフラの発生源」で詳しく紹介しますが、蚊は、竹の切り株、樹洞《じゅどう》、バケツ、古タイヤ、渓流、ウツボカズラ、カニ穴、水田、池、川のふちなどさまざまな水たまりを利用します。しかし、蚊の種類によって好きな水たまりは決まっています。これらの水たまりに産みつけられた卵は、2～3日後に孵化《ふか》します。孵化した幼虫はボウフラと呼ばれ、水中の栄養分を摂取しながら発育します。気温が高ければ早く、低ければ時間をかけて発育し、日本の夏の気候下では、7～10日間かけて蛹になります。蛹の間は餌を食べることなく羽化に備えて準備し、1日半～3日後に羽化して成虫になります。

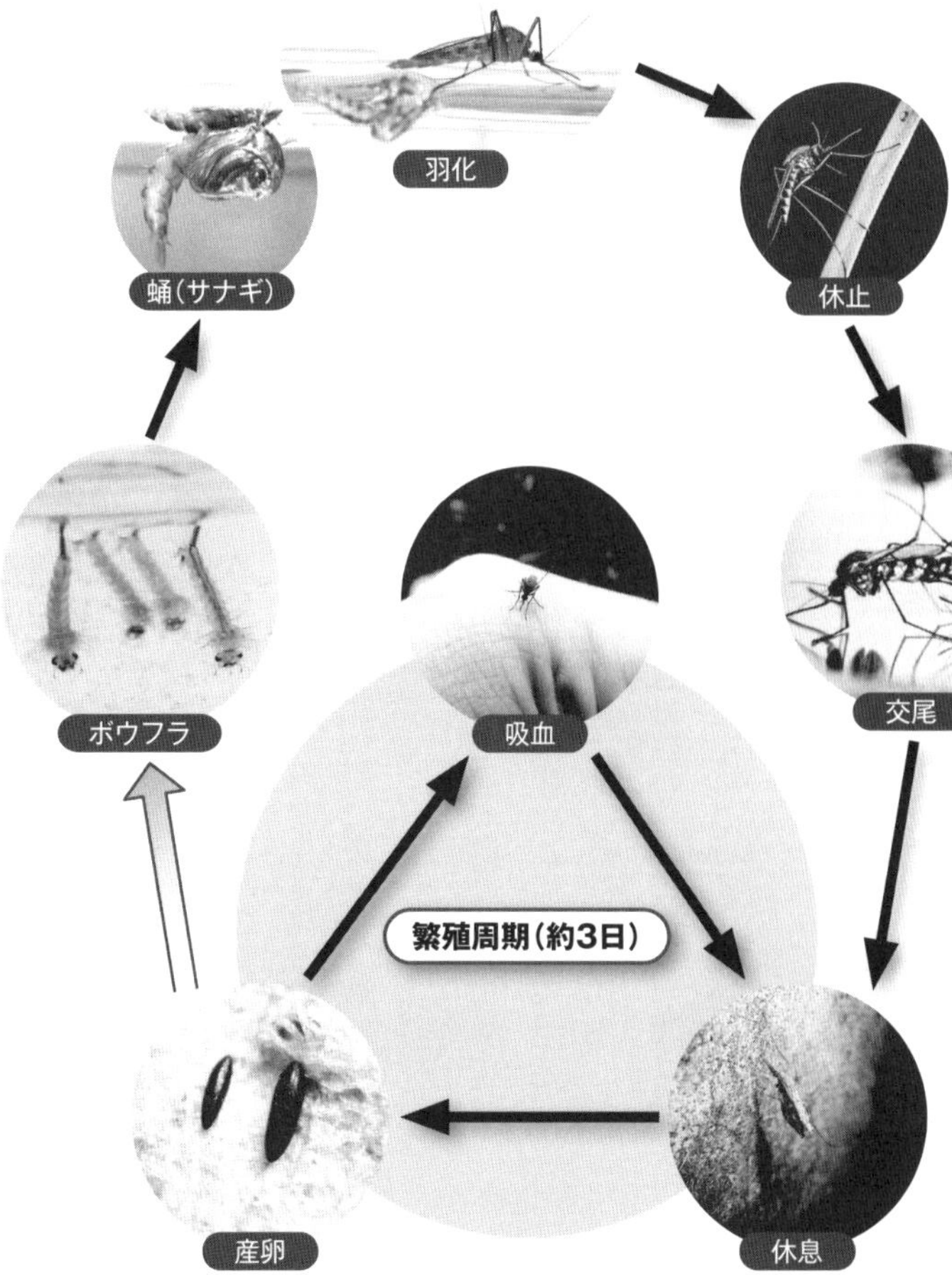

図1-12：蚊の一生（雌成虫）
雌だけが卵を成熟させるために血を吸う。

羽化直後はからだが柔らかいために、約1日程度、からだがしっかりするまで休止します。からだがしっかりしたら、雄と雌は交尾をします。交尾後、雌はすぐに繁殖《はんしょく》のために吸血動物を探して動き回ります。吸血後は卵が成熟するまで雌はじっとしています。その後、再び産卵場所を求めて水たまりを探します。これらの一連の繁殖活動は3日ほどです。蚊の寿命は約1カ月と考えられていますが、雌はその間、3日おきに吸血と産卵を繰り返します。

ちなみに、蚊の吸血産卵サイクルは蚊媒介感染症に大きく関係しています。たとえば、蚊が病原体を取り込んで、蚊のからだの中で次の人を感染させるまで病原体が増殖《ぞうしょく》するのに10日かかるとすれば、蚊はその間に3～4回は吸血している計算になります。吸血回数は感染症の流行に密接な関係があるため、重要な指標になるのです。蚊媒介感染症については、第3章で詳しく紹介しています。

蚊の雌が生涯に何回吸血したかを調べる方法は、1960年代にロシアの研究者が確立しています。これは卵巣《らんそう》を解剖《かいぼう》して、濾胞《ろほう》と呼ばれる卵のもとになるものを調べる方法です。複数回産卵している雌の濾胞には、前の産卵後に残った古い濾胞の膜が、塊になってくっついています。その塊の数を数えることでこれまでに行った吸血回数が分かるのです。吸血回数が多い雌の蚊は長生きということであり、蚊媒介感染症の流行地域では長生きしている雌の割合が多いという報告があります。国立感染症研究所（東京都新宿区）では、吸血回数が5回の蚊を観察したことがあります（詳しくは、第４章２０５頁「できるかな？　蚊の解剖」参照）。

最後に、おまけ話をひとつ。雌の蚊は、卵を発育させるために吸血しますが、雌も雄も生きていくためのエネルギー源が必要で、それは花の蜜や樹液から得ています。しかも雌のお腹には、血液が入る袋と蜜が入る袋が別にあるのです（詳しくは、本章51頁「蚊はどうやって血を吸うの？」参照）。そう、蚊にとっても、甘いものは別腹というわけです。

1-4 ボウフラの発生源

▼ボウフラは水たまりや人工容器で発生

日本人にとって最も身近な蚊は、おそらくヒトスジシマカだと思います。夏の朝夕、公園の茂みや家の庭にいると血を吸いに来る、黒と白のシマシマが特徴の蚊と言われればピンときますよね。ヒトスジシマカのボウフラは自然の環境下では、竹の切り株や樹洞のような植物にたまる水たまり（主に雨水）から発生しています（図1－13）。しかし、庭にそのような発生源のない家もたくさんあります。ではどこから発生しているのでしょうか。

みなさんも見かけたことがあるような、水がたまっているバケツや空き缶、植木鉢の鉢受皿、古タイヤ、雨水桝《うすいます》など、比較的小さなサイズの人工容器からヒトスジシマカのボウフラがたくさん見つかります（図1－14）。家屋周辺では人工容器が、竹の切り株や樹洞

図1-13：ボウフラの発生源①

に相当するのかもしれませんね。

つづいて身近な、あるいは病気を媒介する蚊の発生源を見てみます。アカイエカをご存じでしょうか。就寝中に耳元にぶ～んと飛んでくる蚊は、ほぼアカイエカもしくは近縁のチカイエカ、琉球列島ならネッタイイエカと言って差し支えありません。この蚊は日本ではヒトスジシマカと同様に雨水桝からたくさん発生していますが、ドラム缶や流れの滞った側溝、トラックなどの大きい古タイヤからもよく見つかります。

マラリアを媒介するシナハマダラカ（口絵f）や、日本脳炎《にほんのうえん》*を媒介するコガタアカイエカは、水田や湿地など比較的大きな水域から発生するこ

図1-14：ボウフラの発生源②

＊**日本脳炎**…日本脳炎ウイルスによって起こる蚊媒介感染症のひとつ。コガタアカイエカが主な媒介蚊。コガタアカイエカの主要な発生源が水田であり、アジア各地で流行している。日本でもかつて数千人規模の患者の報告があったが、有効なワクチンが開発され、現在、国内の患者は毎年10人程度である。日本で初めて病原ウイルスの分離および媒介蚊の特定が行われた。

とが知られています。渓流からは、かつて沖縄県八重山諸島《やえやましょとう》で熱帯熱マラリアを媒介していたことが知られている、コガタハマダラカ（口絵j）のボウフラが発生しています。渓流といっても、流れている川の真ん中の部分ではなく、端の落ち葉などがたまるようなよどみにいます。

とても変わった発生源もあります。トップクラスで珍しいのは、食虫植物《しょくちゅうしょくぶつ》であるウツボカズラ*かもしれません（**図1-15**）。以前、マレーシアのボルネオ島でウツボカズラをのぞいてみた時、つぼ（捕虫袋）に落ちて消化されてドロドロになった昆虫などの死骸《しがい》がたくさん出てきました。ウツボカズラのつぼの液は酸性が強く、間違って内部に落ちた小動物を溶かして栄養分にする働きがあります。しかし、ツノフサカ*、チビカ*、ナガハシカ*、オオカ*といった蚊のボウフラは、ウツボカズラのつぼの中でも消化されることなく元気に生きています。また、塩分の濃度の高い塩水や、地中深くにあるカニ穴にたまった水たまりからも、ボウフラは見つかります。このように、地球上に存在する水たまりの多くが、ボウフラの発生源として可能性を秘めていると言っても過言ではありません。

図1-15：ウツボカズラ

***ウツボカズラ**…食虫植物。壺のような形をしている。

***ツノフサカ**…イエカ属（*Culex*）の仲間。

***チビカ**…チビカ属（*Uranotaenia*）の総称。

***ナガハシカ**…ナガハシカ属（*Tripteroides*）の総称。

***オオカ**…オオカ属（*Toxorhynchites*）の総称。

▼逆立ちをするボウフラ

ボウフラは、水中で生きていく上でとても大切なこと、呼吸と食事を一度にしています。呼吸は、お尻の先についている呼吸管と呼ばれる管を水面につけて行っており、呼吸をするためにお尻を水面に向けているので、その反対にある頭は常に水の中。つまり、逆立ちをしたような恰好になっているわけです（図1－16）。逆立ちしながらご飯を食べるなんて、とても器用ですね。驚かすとパッと水の底に沈んでしまいますが、すぐに呼吸のために浮き上がってきます。その様子がおもしろくて、ボウフラのいる水たまりを見つけるとついのぞきこんでしまいます。みなさんもぜひボウフラを観察してみてください。

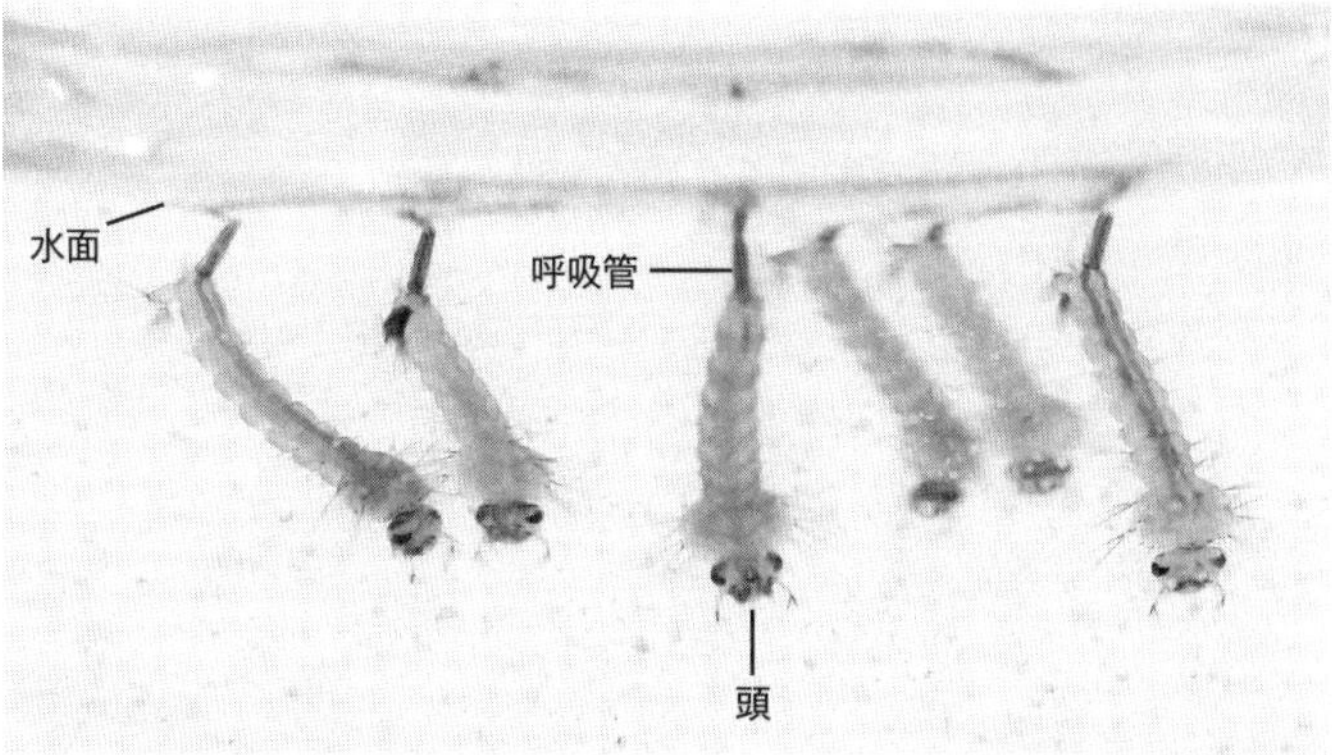

図1-16：アカイエカのボウフラ

1-5 蚊の出現

▼蚊の出現を琥珀から考察する

地球上に蚊が出現したのは、いったいいつのことでしょう。とてもロマンのある話です。蚊の出現のことを考える時、年を億の単位である地質時《ちしつじ》代《だい》*で考える必要があります。蚊は小さく、からだはほかの昆虫類と比べても、さほど硬い外骨格《がいこっかく》に覆われているわけではありません。加えて幼虫の発生源である水たまりは、海や湖沼のような何万年も存在する広大な水域に比べるとはるかに小さく、ほとんどが短期間で消滅してしまいます。そのような事情から、蚊の化石は現在まで世界中からわずかしか発見されていません。それらのわずかな化石資料を手がかりに、蚊の出現を考察してみましょう。

現存する化石のなかで最も古い蚊と言われているのは、ミャンマーの中《ちゅう》生代白亜紀《せいだいはくあき》（1億4500万～6600万年前）の地層に含まれていた琥《こ》

＊**地質時代**…地球の誕生後、最古の岩石または地層が形成されてから現在までの期間。

珀《はく》（樹脂の化石）から発見された *Burmaculex antiquus*（バーマクレックスアンティクス）と考えられています（**図1-17**）。この琥珀の推定年代は9000万～1億年前。これより前の時代の蚊の化石はこれまで発見されていませんが、蚊に最も近縁であるケヨソイカ科は比較的多くの化石が発見されており、それらから1億8700万年前には出現したと考えられています。

よって、蚊は1億8700万年～1億年前には出現したと推定することができます。*B. antiquus* は口吻《こうふん》が短く、ケヨソイカ科の昆虫と現存蚊種の中間の形態的特徴をもっていました。その触角には二酸化炭素《にさんかたんそ》や体臭を検出する感覚器、および口吻には現在の蚊のような針状の形態的痕跡を有していることから、脊椎《せきつい》動物から吸血していたと推測されており、同じ琥珀から見つかった爬虫類《はちゅうるい》や鳥類《ちょうるい》が吸血源《きゅうけつげん》動物の候補としてあげられています。ただ、残念ながら *B. antiquus* は既に絶滅してしまいました。

次に古いとされている蚊の化石は中生代白亜紀のカナ

150億年前	ビッグバン（宇宙の誕生）
46億年前	地球の誕生
40億年前	最初の生命（細菌）
21億年前	真核生物の誕生・多細胞化
4億年前	植物・動物が陸上へ
3億年前	昆虫が繁栄（ゴキブリなど）
2.5億年前	恐竜の出現
1億年前	**最古の蚊の化石**
6500万年前	恐竜の絶滅
4600万年前	吸血した蚊の化石
25～40万年前	人の出現

図1-17：地球と生物の歴史

ダの琥珀から見つかった*Paleoculicis minutus*(パレオクリティス ミヌトゥス)と考えられています。推定年代は7900万年前です。分類学的に、蚊科は大きくハマダラカ亜科とナミカ亜科の2つの分類に分けられ、ハマダラカ亜科が系統的に古いとされていますが、*P. minutus*はハマダラカ亜科よりもナミカ亜科に近いと考えられています。この*P. minutus*も既に絶滅しています。そして、これまでに見つかっている蚊の化石から、新生代《しんせいだい》(約6500万年前~現在)には、現在見られる蚊に近い種類が現れたと考えられています。

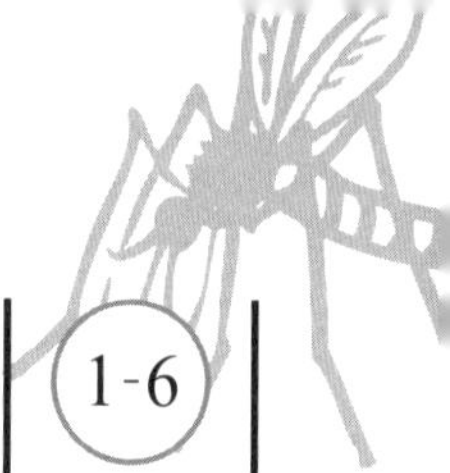

1-6 蚊はどうやって血を吸うの？

▼雌だけが吸血し、吸血を全くしない種も

蚊は、雌だけが吸血します。卵形成のために高タンパクの栄養が必要であり、人や野生動物の血液成分（主にアミノ酸）がそれに適しているからです。他方、雄の生命維持には血液成分は必要ではなく、甘い樹液や花の蜜などを吸汁します。蚊にとって吸血という行為は常に危険と隣り合わせです。子孫を残す使命のある雌には、吸血はリスクを上回るリターンがありますが、その一方、精子を雌に渡すだけの雄にはリスクしかないため、吸血は選択されなかったと考えられています。

世界中に約３６００種いる蚊のなかには全く吸血しない種（オオカ属など）や、羽化後の1回目だけは吸血しなくても産卵できる種類（チカイエカや一部のヤブカなど）もいます。蚊は吸血するとおおむね３～４日後に産卵します。その後少し休止し、最初の吸血から1週間ほど経つと、また吸血をします。蚊の種類や気温・湿度などの環境条件で野外での寿命は異なりますが、約1カ月の寿命の間に3~4回ほど吸血と産卵を繰り返すと試算されています。

蚊には吸血嗜好性《しこうせい》があります。たとえば、ハマダラカがウシやウマなど大型の動物を好み、ネッタイシマカは非常に人を好みます。なかにはカエルやアリを好む種類もいます。国内の蚊の吸血源動物を調べた調査で、ヒトスジシマカが日和見《ひよりみ》的に多種多様な動物を吸血し、アカイエカ種群が鳥類も人も同程度に吸血することも分かりました（詳しくは、本章57頁「蚊はどんな血が好き?」参照）。

蚊は、動物が発する二酸化炭素、体温、色、においなどを、複眼《ふくがん》*や触角、触肢《しょくし》（小顎鬚《しょうがくし》・こあごひげ）などの各種センサーで感じています。蚊の複眼の大きさは約500㎛と言われ、直径約20㎛の個眼《こがん》*が1000個ほど並んでいます（図1-18）。その複眼で360度見渡して色を見分けますが、蚊が好きな色は、黒→青→赤→黄→白の順になるようです。昼間に活動する蚊の多くは、複眼で紫外線を感知するため濃い色に誘引されると考えられています。触角は主に同種の蚊や雌の羽音を聴き分けるために使わ

***複眼**…レンズをもった個眼が大量に集合した器官で1対の眼のように見える（トンボの複眼には約2万個の個眼が集まっている）。物の傾きや図形が認識でき、視界が広い利点がある。

***個眼**…1個の眼にはそれぞれレンズがついていて望遠鏡のような役割を果たすが、図形は認識できていない。

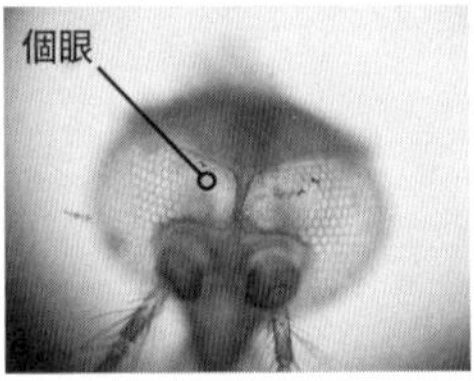

図1-18：蚊の複眼

れますが、二酸化炭素（呼気）や汗、乳酸のにおいをかぎ分けるセンサーが存在し、また、体温の高い人や場所を感知する役割も果たしています。

▼蚊の口吻

蚊の口吻と呼ばれる口器は非常に精巧につくられています。一見すると長さ約2㎜の1本の針に見えますが、実は7本の針（1本の上唇《じょうしん》と下咽頭《かいんとう》、大顎《だいがく》と小顎《しょうがく》がそれぞれ1対・2本と1本の下唇《かしん》）から構成されています（図1－19）。

下唇は鞘《さや》のようにそのほかの6本（刺針部）を下から包み、吸血の際には「く」の字にたわんで皮膚上に残ります（図1－20）。下唇の先端にある1対の舌弁《ぜつべん》と小舌《しょうぜつ》は、味覚や触覚をつかさどる感覚器官です。ストローのように血液を吸う役割は、刺針部のなかの上唇が行います。上唇は直径が約0・03㎜（ちなみに、人の髪の毛

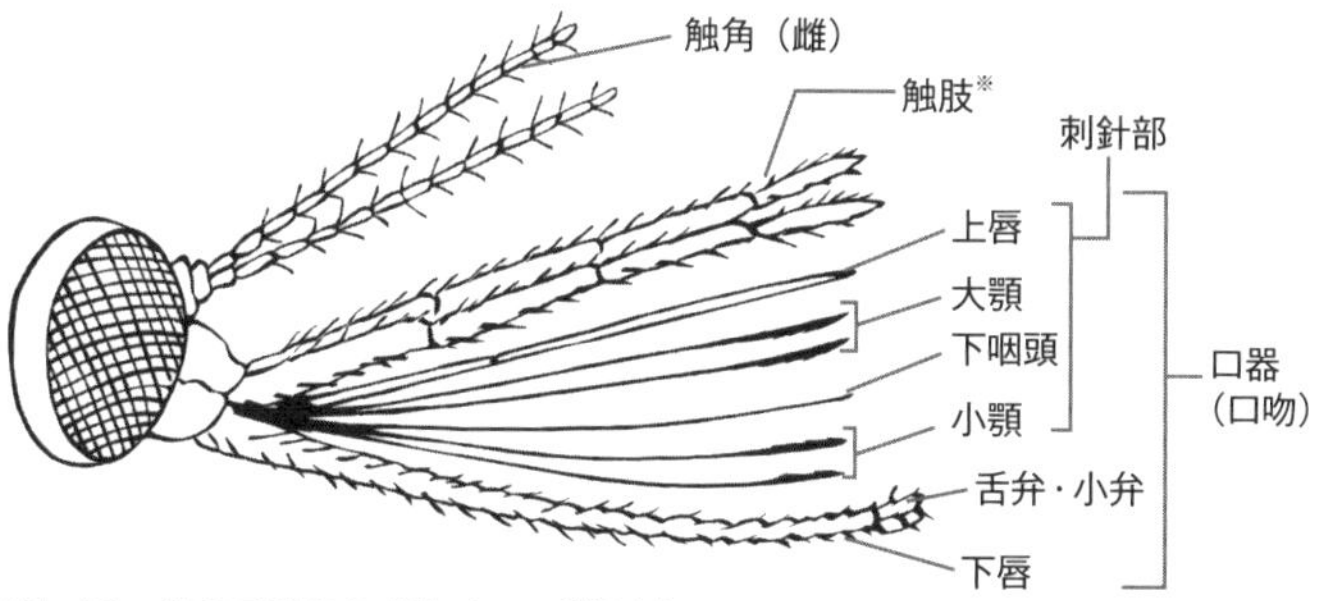

図1-19：蚊の口器のつくり（ハマダラカ）

蚊の口器は、各１本の上唇と下咽頭、１対（２本）の大顎と小顎、１本の下唇の合計７本から構成される。

※ハマダラカの触肢は長い

の太さは約0・1㎜）で、大顎2本と下咽頭1本に支えられて1本の管のようになります。この管をさらに1対・2本の小顎が両側から挟み、4本からなる管と小顎2本を交互に出し入れしながら管がスムーズに皮膚に入るように誘導します。小顎の直径は約0・015㎜の細さ、先端はノコギリの歯のようなギザギザの形をしているため、動物が痛く感じないように上手に皮膚を切り裂くことができます。

上唇と下咽頭の先端はナイフの先のように鋭くとがっています。特に、上唇の先端は注射針よりもはるかに鋭く、10度以下の角度です。皮膚に挿入された4本の管ですばやく血管を探して上唇から吸血します。下咽頭の真ん中には唾液管《だえき》が通っており、吸血に先立ち唾液を注入します。その時の圧力がポンプのような働きをすることで、上唇を伝って血液が逆に押し

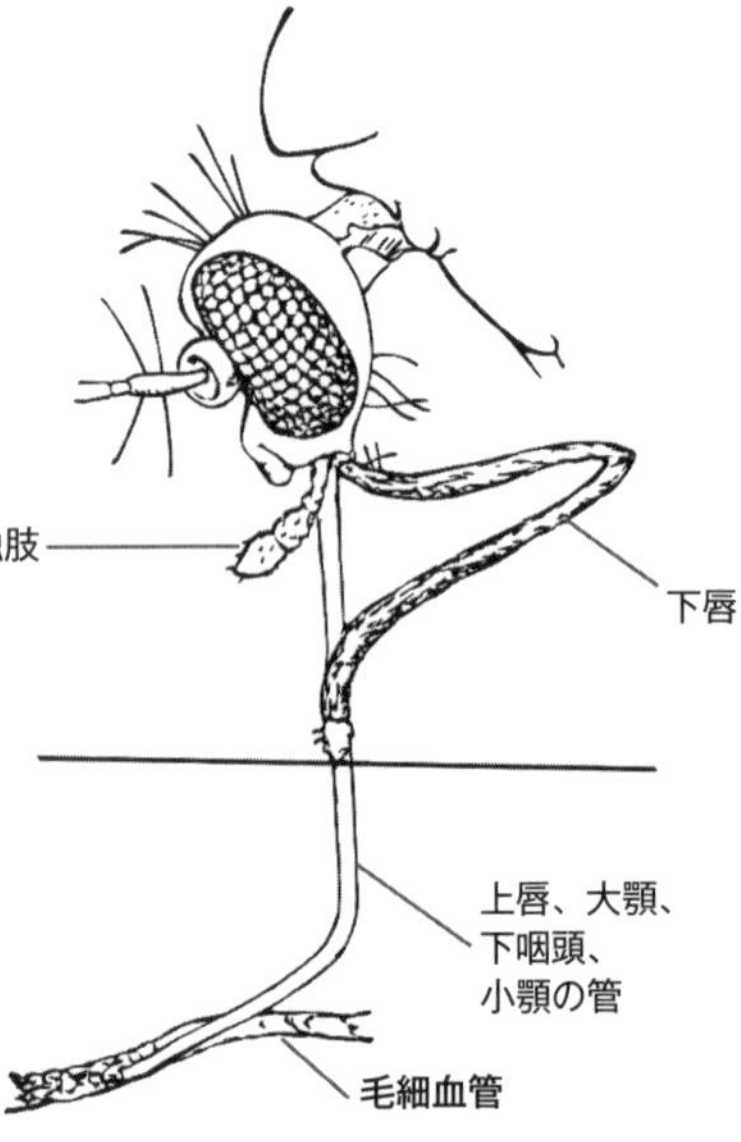

図1-20：蚊の吸血のしくみ
吸血の際は下唇が「く」の字にたわんで皮膚上に残り、上唇、大顎、下咽頭、小顎の合計6本からなる刺針部だけが差し込まれる。

上げられます。唾液は毎秒6回の速さで断続的に注入されます。もし、マラリア原虫などの病原体を保有している感染蚊から吸血された場合は、唾液と一緒に病原体も注入され、吸血された動物が感染することになります。

蚊は、体に取り込んだ食物の種類によって、利用・貯蔵する場所を変えています。生物のエネルギー貯蔵や放出などにかかわるATP（アデノシン三リン酸）が多い食物を摂った場合、血液と判断されて咽頭ポンプの後ろにある噴《ふん》門《もん》弁《べん》（**図1－21**）が開き、食物は直接中腸《ちゅうちょう》（胃）へと送られます。一方、樹液など糖質が多い食物の場合、弁は閉じられ中腸の下側にあるそ嚢《のう》に一時的に貯蔵されます。

蚊の唾液中には、複数の局所麻酔物質、消化液、アピラーゼ（血液凝固《ぎょうこ》抑制剤）などが含まれています。麻酔物質の効果は約3分間持続し、吸血されていることを動物に気づかれないで吸血することができます。吸血には3分以上かかることもありますが、知らない間に吸血されて、痒くなって初めて気がつくことはよくあります。また、

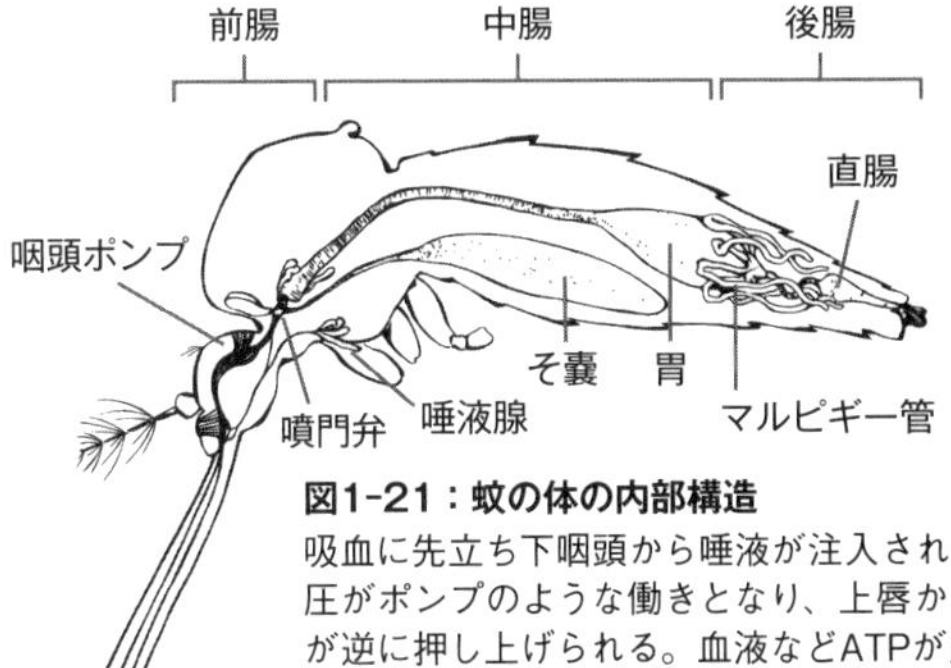

図1-21：蚊の体の内部構造
吸血に先立ち下咽頭から唾液が注入され、その圧がポンプのような働きとなり、上唇から血液が逆に押し上げられる。血液などATPが多い食物は直接中腸（胃）に送られるが、樹液など糖質が多い食物の場合はそ嚢に一時的に貯蔵される。

図1-19～21イラスト提供：朝賀仲路

血液凝固抑制剤で血液が固まる時間を遅らせ、0・03㎜の極細の上唇が詰まらないように、消化液を使って血液を消化吸収しながら効率よく吸血します。刺された後に痒くなるのは、これら異物のタンパク質である唾液成分がアレルギー反応を起こすからです。

蚊に刺された痒みには、即時型と遅延型のふたつの種類があります。刺された直後から起こる即時型の反応は、主に皮膚の表面の肥満細胞から出されるヒスタミン（生理活性物質の一種）が神経を刺激することで生じます。一方、数時間から翌日くらいに痒くなることがある遅延型では、白血球が毛細血管に集まると毛細血管が拡張し、周辺の細胞間に血液がにじみ出て膨れるため、神経が刺激されて痒くなります（詳しくは、第4章199頁「蚊に刺されるとなぜ痒くなる？ なぜ腫れる？」参照）。

本項で紹介した、蚊がもっているさまざまなバイオセンサーは、医療や物理工学などの分野で新たな技術の開発に貢献しています。最近では、蚊の下顎の針の形と機能を利用して無痛針が開発されました。バイオミメティクス＊（生物模倣）を利用したこの針は、糖尿病患者向けの注射針として実際に利用されています。

＊**バイオミメティクス**…動植物のさまざまな特徴を模倣し、多分野で活用する技術のこと。

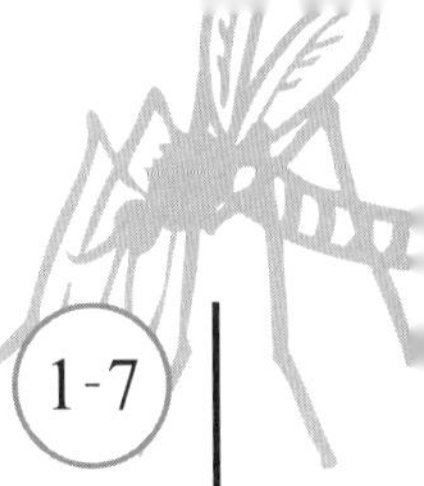

1-7 蚊はどんな血が好き？

蚊は産卵のための栄養分を得るために雌が吸血をします。実は、蚊の種類によって、好んで吸血をする動物はある程度決まっていて、それを専門用語で吸血嗜好性と言います。

▼人の血を吸う蚊

なかでも、マラリア、デング熱といった人がかかる蚊媒介感染症を媒介する蚊は、人吸血嗜好性が強い傾向があります。日本においては、マラリアを媒介するコガタハマダラカ、シナハマダラカ、オオツルハマダラカ、デング熱を媒介するヒトスジシマカ（かつてはネッタイシマカも）が知られています。日本脳炎を媒介するコガタアカイエカは実際にはブタやウシなどの大きな哺乳動物が好きで、たまに人を吸血した時に日本脳炎ウイルスを媒介しています。イエカ属の蚊は鳥類吸血嗜好性をもつ種類が多く見られます。ウエストナイル熱の媒介蚊であるアカイエカは鳥類を好んで吸血しますが、近くに人がいれば、人から吸血する場合もあります。このように、ある動物に対する吸血嗜好性とは別に、吸血動物の存在次第で柔軟に吸血する動物を選ぶこともしています。

本章48頁「蚊の出現」で、蚊は少なくとも1億年前には地球上に出現し、さまざまな動物から吸血していた可能性があることを紹介しました。日本において、蚊の吸血源動物を調べたとても興味深い研究があります。北は北海道から南は沖縄に至るまで都市部を中心に514個体の吸血蚊を集め、お腹の血液のDNA*から吸血源動物を特定したものです。その結果、全体の74・9%(385個体)が哺乳類から、19・3%(99個体)が鳥類から吸血していることが分かりました。人家周辺で夜中に私たちの耳元にぷ〜んと飛んで来て安眠を妨害する主役のアカイエカは、意外にも50%は鳥類から吸血しているという結果でした(図1-22)。庭に出るとしつこく吸血しに寄ってくるヒトスジシマカでは、解析した114個体のうち96個体(84・2%)が哺乳類から吸血していました。そのなかで人を吸血しているのは約70%、ネズミから吸血しているのは約15%でした。身近な蚊のなかで、吸血によって私たちを最も悩ませているのはヒトスジシマカと

***DNA**…デオキシリボ核酸(Deoxyribonucleic acid)のこと。生物において次世代への遺伝情報の伝達に関与する物質。

言えそうです。

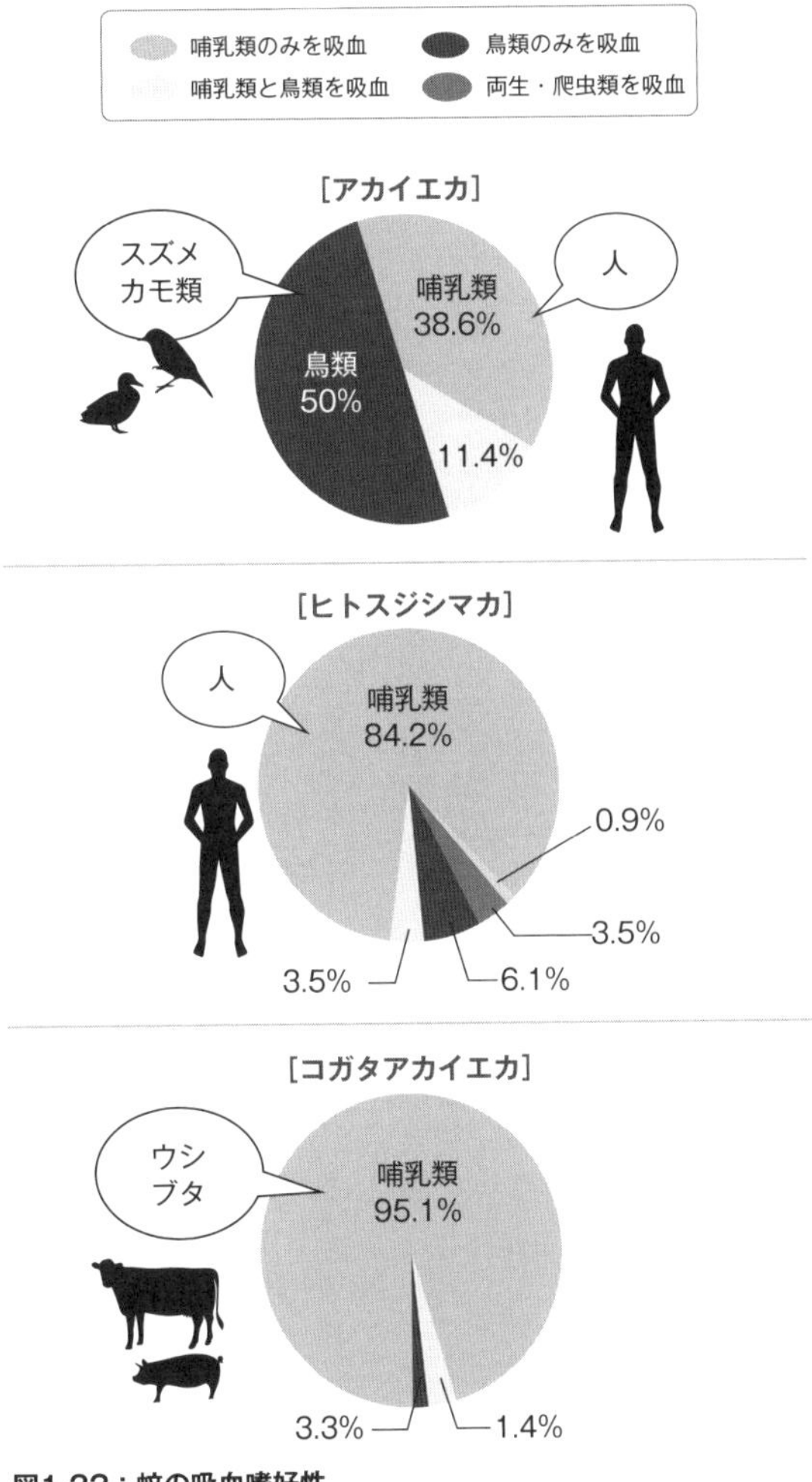

図1-22：蚊の吸血嗜好性
アカイエカは50%は鳥類から吸血しており、ヒトスジシマカは80%以上が哺乳類から吸血している。コガタアカイエカは哺乳類のなかでも、ウシやブタなどを好んで吸血していることが分かった。

蚊がどのような動物を好んで吸血しているかを知ることは、蚊媒介感染症対策ではとても重要です。人の病気を中心に考えれば、人吸血嗜好性が強い蚊に対して重点的に対策をとることができるからです。しかし、主に人と蚊の間で病原体が回っているマラリアやデング熱とは異なり、ウエストナイル熱や日本脳炎の場合は、病原体は自然界では野生動物が保有しており、そのサイクルに人が入る、あるいは蚊が野生動物と人の住んでいる環境をまたいで活動することで感染が起こることがあります。この時の媒介蚊は人と野生動物の両方を吸血します。

▼爬虫類、両生類、魚類の血を吸う蚊も

ここまでは人を含めた哺乳動物、鳥類吸血嗜好性の蚊について紹介しましたが、蚊に吸血される動物はそれだけではありません。極地以外の世界中に分布している蚊をよくよく調べてみると、わずかながら爬虫類、両生《りょうせい》類《るい》、魚類《ぎょるい》といった変温動物から吸血する蚊もいるというから驚きです。

琉球列島を中心に吸血蚊を集め、吸血源動物を特定した研究があります。この研究では、先ほどの研究よりも採集範囲を広げ、ジャングルの蚊

も解析に用いています。975個体の蚊の血液を調べたところ、これらの蚊も、魚類、両生類、爬虫類、鳥類、哺乳類と、実にさまざまな動物から吸血していることが分かりました。哺乳類のなかには人だけではなく、ネコ、イヌ、ネズミ、ウシ、ブタ、ヤギ、ウサギ、イノシシ、コウモリも含まれていました。特にハマダラカ、ヤブカ、イエカが哺乳類を多く吸血しており、哺乳類を吸血したと分かった799個体のうち、人を吸血していたのは173個体、全体の約20％程度でした。

イエカは鳥類からよく吸血し、セキシャクヤケイ、ハイイロガン、ノドグロツグミから、動物園から採集された蚊はダチョウなどからも吸血していることが分かりました。爬虫類から吸血するのはヤブカが主で、クロイワトカゲモドキ、リュウキュウヤマガメが吸血源動物として明らかになっています。また、コブハシカ*やチビカはさまざまな両生類から吸血していることが分かりました（**図1-23**）。吸血した血液からは、シリケンイモリや10種のカエル（サキシマヌマガエル、アイフィンガーガエルなど）のDNAが検出されています。ここまできたら半信半疑ながら魚類も吸血の対象となっているであろうことは予想できますね。実際に、カニアナヤ

***コブハシカ**…コブハシカ属（*Mimomyia*）の総称。

ブカからトビハゼとウナギ目ウミヘビ科の血液が検出されています。トビハゼは干潟で陸に上がる時に吸血されているのが目撃されています（図1－24）。

こうしてみると、人を吸血に来る蚊は実は多数派ではありませんでした。日本には脊椎動物から吸血する種だけではなく、アリから栄養分をもらう種もいます。

両生類に寄生する原虫も知られていますが、蚊をはじめとする吸血動物が、その原虫を媒介しているのではないかと考えられています。変温動物と蚊のかかわりについては、研究がほとんどなく不明な点が多数ありますが、病原体、媒介蚊、人をはじめとする吸血源動物がどのようにかかわり進化してきたかを考えるのにとても重要です。今後の研究の進展が期待されます。

図1-23：オキナワアオガエルを吸血中のカニアナチビカ
撮影者：万年耕輔、宮城一郎（図案）
撮影場所：沖縄県国頭郡国頭村与那
撮影日：2009/11/5 22:50 頃
吸血源動物：オキナワアオガエル

▼蚊の吸血源動物を調べるおまけの話

蚊が人の病原体を媒介する性格上、人々は古くから蚊の吸血源動物に興味をもってきました。吸血してお腹がパンパンになった雌の蚊を採集し、その時代で最先端の技術を駆使して、その血液から吸血源動物を特定する研究が行われています*。現在は、①蚊のお腹の中の血液から遺伝子を抽出、②動物種を反映している部分の遺伝子を増幅、③増幅部分の塩基配列を決定、④その塩基配列とゲノムデータベース上の情報を照合、⑤配列が一致する動物を見つける、などの調査によって蚊がどの動物から吸血しているか調べることができます。

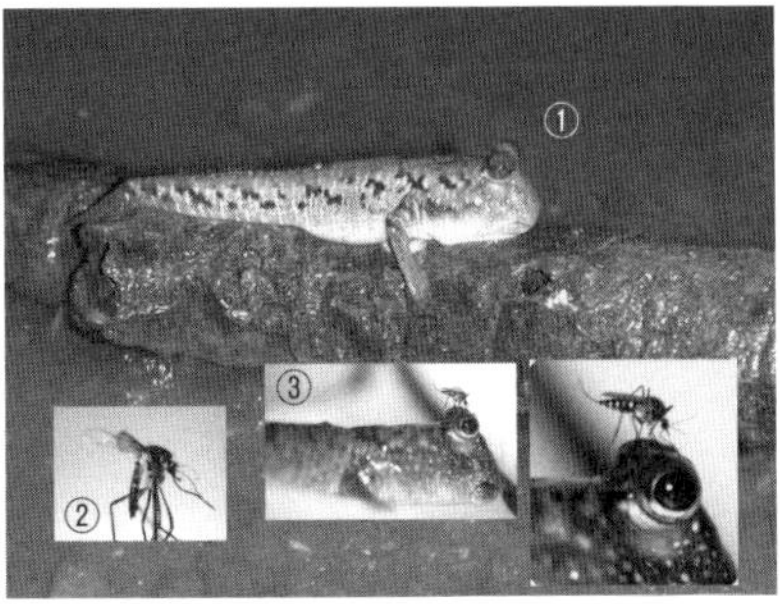

図1-24　:ミナミトビハゼと蚊
①ミナミトビハゼ　②カニアナヤブカ　③ミナミトビハゼを吸血するカニアナヤブカ（室内撮影）
撮影者：奥土晴夫、宮城一郎（図案）

＊たとえば、動物の血液のタンパク質（抗原）に特異的に反応する抗体を用いて特定の動物を検出する方法がある。この原理を応用したELISA法（Enzyme-Linked Immuno Sorbent Assay）は遺伝子を検出する方法よりも簡単で安価なため、現在でも使われている。

1-1 蚊は恐竜やマンモスの血を吸っていたのか

化石標本の少なさから推測の域を出ませんが、本章48頁「蚊の出現」の *B. antiquus* で紹介したように、形態に見られる痕跡から、1億年以上前から既に何らかの動物を吸血していたと考えて間違いなさそうです。その時代には、魚類から哺乳類に至る現在の脊椎動物の原型となる生物は、おおよそ出現していたと考えられていることから、蚊は古くからさまざまな動物から吸血していたであろうことがうかがえます。恐竜が存在していた時代ともオーバーラップしていますので、蚊は恐竜からも吸血していたかもしれません。

ではマンモスはどうでしょうか。マンモスは現生のゾウとは別のマンモス属に含まれるゾウで、現在では全ての種類が絶滅しています。寒い地域に生息するイメージがありますが、化石の発掘状況から、かつては世界中に分布していたと考えられています。マンモスが出現したのは数百万年前頃と考えられていて、ゾウ科そのものの出現も新生代になってからですから、それよりも起源の古い蚊は、当時既にマンモスの周りを飛び回っていたはずです。まして、温暖な地域には蚊の種類もたくさんいます。マンモスも、きっと蚊に吸血されていたでしょうね。

1-2 なぜ高層階に蚊は来られるのか？

「26階に住んでいるのにもかかわらず、窓を開けたまま寝ると毎晩蚊に刺されます」というネットの書き込みがありました。結論から言えば、高層階でも蚊に刺されることはあります。通常、身近に見られる蚊の行動範囲は、ヒトスジシマカでは狭く、イエカの仲間は広い範囲を移動します。活動面積・活動高度などの知見はありますが、このコラムではそれ以外の例を示してみたいと思います。

まず、高層階に出現する蚊の種類についてですが、高層ビルは主に都市部に多いこと、周囲の発生源はそれほど多くないこと、屋内に積極的に入る種類の蚊が限定されること、といった条件があり、これらをクリアする蚊は、アカイエカ、チカイエカになります。両者の区別はここでは論じませんが、これらをまとめてアカイエカ群と呼びます。

この種類は、夜間に積極的に人の血を求めます。まず、高層ビルでは、蚊がエレベーターに乗り込んで移動することが考えられます。地下鉄で車内を飛んでいる蚊の姿を見る方も多いはずです。それと同じように、蚊はエレベーターに乗り込み、移動してしまうのです。

一方、高層ビルはいわゆるビル風という上昇気流が発生していて、地上付近に生息している微小な飛翔性昆虫を巻き上げてしまうことがあります。このため、周辺環境によってはベランダからひんぱんに蚊が侵入することがあり得ます。

高層ビル内部の発生源としては、まず地下の湧水層からチカイエカが発生することが多く見られます。チカイエカは羽化後初めての産卵は無吸血です。つまり、閉鎖的な空間で血を吸わなくても、卵から成虫までの生活環が成立します。さらに、アカイエカは成虫で休眠します。ヒトスジシマカは卵で冬を越しますが、チカイエカは冬眠せず、一年を通して吸血することができます。そのため、偶然マンホールの蓋を開けるとか、微小な隙間から成虫が飛び出して、冬でも蚊に刺される事例が生じます。また、屋外では雨水桝の存在が大きいでしょう。雨水桝は常時水がたまっていて、そこで発生した蚊が屋内に侵入します。冬でも蚊に刺される被害がある場合は、ビル内部の発生源を疑ってみるべきでしょう。

1-3 蚊柱は婚活パーティー

ある夕方、頭の近くに何か黒い塊がついてきたという話をよく聞きます。これは「蚊柱」と呼ばれる蚊やユスリカの雄の群飛で、交尾行動の一環とみなされます。人間の頭や動物のからだの周り、樹木の影や枝など、突き出たものの近くで観察されます。

蚊柱と言っても蚊だけでなく、蚊が属するハエ目（双翅目）の仲間をはじめ、そのほか多くの昆虫も蚊柱をつくります。約2億年前、地上で交尾行動を行っていたガガンボやチョウバエの仲間から蚊やユスリカが分岐した時に、群飛交尾行動を獲得したと考えられています。186種の蚊を調べた実験では、ハマダラカ属48種、イエカ属14種、ヤブカ属41種に群飛が認められました。群飛（蚊柱）の中で雄は翅を震わせて高い周波数の羽音を出しています。異種間はもとより雌雄間でも羽音の周波数は異なります。群飛をする蚊の雄は、雌の羽音を聴き分けるためにふさふさした羽毛状の触角を発達させました。他方、チビカ属、ハボシカ属、オオカ属などには、群飛をしない種類が多数含まれます。これらの雄の触角はこん棒状で聴覚が鈍く、交尾に広い空間を必要としない狭所交尾性を示し、視覚や雌のフェロモンを頼りに交尾行動を行うことが知られています。オオカは雄の触角は羽毛状ですが、昼間活動性のため交尾に雌の羽音は関係がなく、むしろ雌の体色や形、飛翔行動などで識別すると考えられています。

蚊柱が主に繁殖のための場所であることから、種間の羽音周波数の違いや、蚊柱がつくられる場所や時刻の違いなどは、同所的に生息する近縁種間の交尾前の隔離（生殖隔離）の原因となります。たとえば、熱帯地方などで同所的に発生するデング熱媒介蚊のネッタイシマカとヒトスジシマカでは、ネッタイシマカの雄が363から512Hzの羽音（雌の羽音は456Hz）に反応するのに対し、ヒトスジシマカの雄は雌の羽音（512Hz）しか識別できません。自然界で両種の交雑種がほとんど存在しない理由のひとつにあげられます。また、アカイエカは地上から2～3mの高さに蚊柱をつくりますが、近縁のチカイエカは狭所交尾性で、群飛をせずに地上近くで交尾行動を行います。ハマダラカの仲間では、羽音に反応する時間が種によってかなり違うことも知られています。

雨上がりの蚊柱は、昆虫の種分化にもつながる生態学的に重要な現象です。

1-4 羽音でラブソングを奏でる

蚊の困った性質のひとつが羽音です。夜、耳元でぶ～んと羽音を立てられるとうるさくて安眠できません。しかし、このうるさい羽音にもロマンチックな秘密が隠されています。蚊の羽音は人の声と違って雄の方が雌よりも高音ですが、雄と雌が出会って交尾に至るまでに雌雄の羽音がきれいな和音を奏でることが分かっています。雌雄の羽音がきれいな和音になるには雄と雌の羽音の周波数が整数比になっていなければいけません。たとえばネッタイシマカでは、雌が約400Hz、雄は約600Hzで2:3になったり(ラとミに近い)、雌が約500Hz、雄が約833Hzで3：5になったり（ドとラに近い）します。しかもおもしろいことに、雌雄のどちらかが少し低めの音だったり高めの音だったりすると、相手も自分の羽音の音程をそれに合わせて変化させて、きれいな和音になるように調節しているのです。つまり、雄と雌がきれいなハーモニーでラブソングをうまく歌えたらカップルが成立するというわけです。まるでミュージカル映画のようですね。

蚊の雄雌は、出会えばいつもカップルが成立するわけではありません。雄が猛烈にアタックしても、雌にはその気がないということもしばしばです。このような時、交尾を挑んで飛来してくる雄に対して、雌は後脚で蹴飛ばして交尾を拒否することが知られています。その時に左右どちらの脚をよく使うかということを調べた人たちがいます。イタリアの昆虫学者であるBenelli博士たちの研究によると、ヒトスジシマカの雌は雄を蹴飛ばす時に左の後脚よりも右の後脚をよく使うことが分かりました。Benelli博士はさらにアカイエカについても調べて、やはり雌は左脚よりも右脚を使って雄を蹴飛ばしていることを明らかにしました。アカイエカでは右脚で蹴飛ばした時の方が、雄の交尾の試みを拒否しやすいということも分かっています。どうやら蚊は右利きのようです。

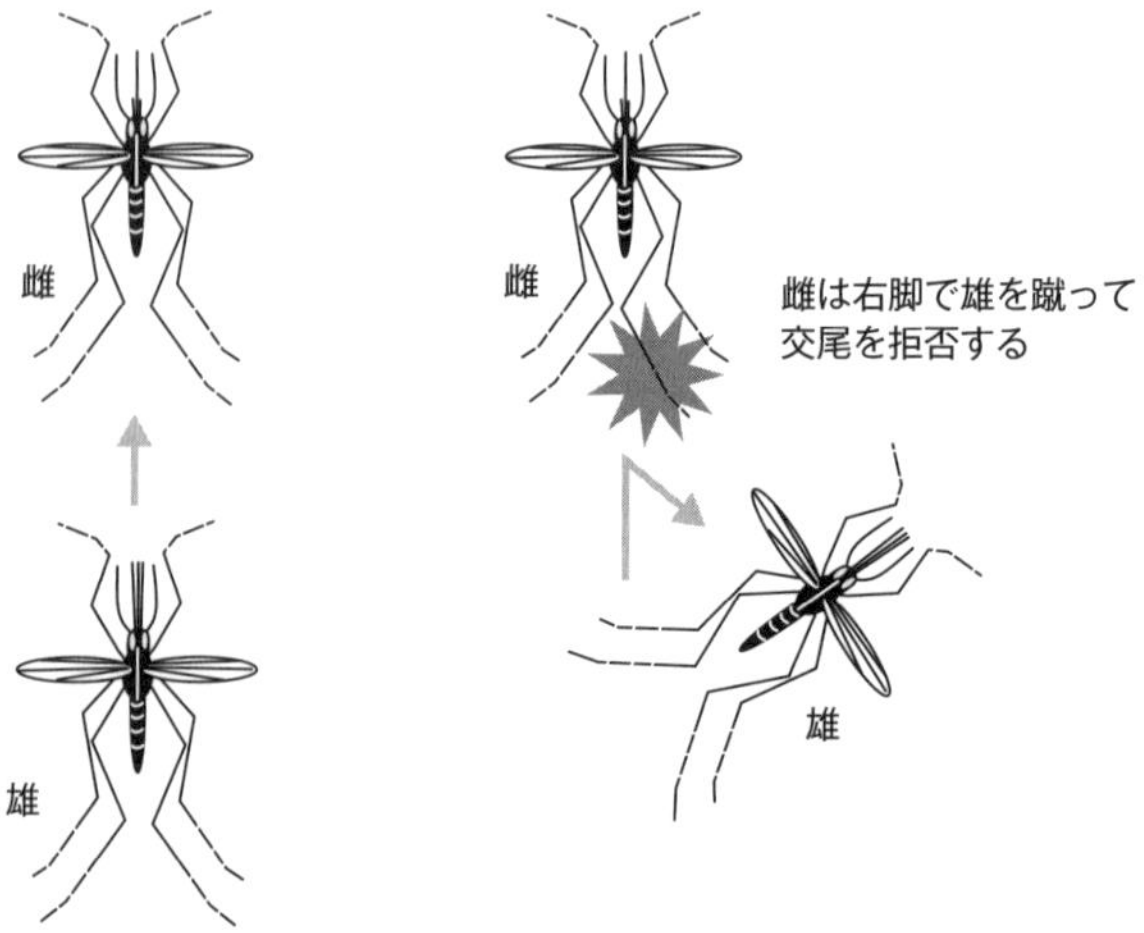

雄は求愛のため背後から雌に近づく

1-5 子育てをする蚊

蚊の吸血以外の生態に目を向けると、なんと、東南アジアでは子育てをする蚊も観察されています。蚊は基本的に水たまりに卵を産む際、幼虫がより生存する可能性の高い水たまりを選ぶ種がいることは確認されていますが、産卵後の幼虫の発育をフォローすることはありません。しかし、*Armigeres fluvus*（アルミグレス フラヴゥス）は産卵後、卵の中の幼虫が十分に発育するまで卵を脚に抱えることが観察されています。そして、適当な竹の切り株を見つけると水面に卵を落とします。卵は水に落とされると瞬時に孵化します。その適応的意義はよく分かっていませんが、ほかの *Armigeres* 属の蚊の卵は竹の切り株などの水際に産みつけられ、乾燥にそれほど強くないことから、*A. fluvus* は孵化直前まで卵を抱えていることで卵が捕食されるのを防ぎ、乾燥による死亡の減少に貢献している可能性があります。

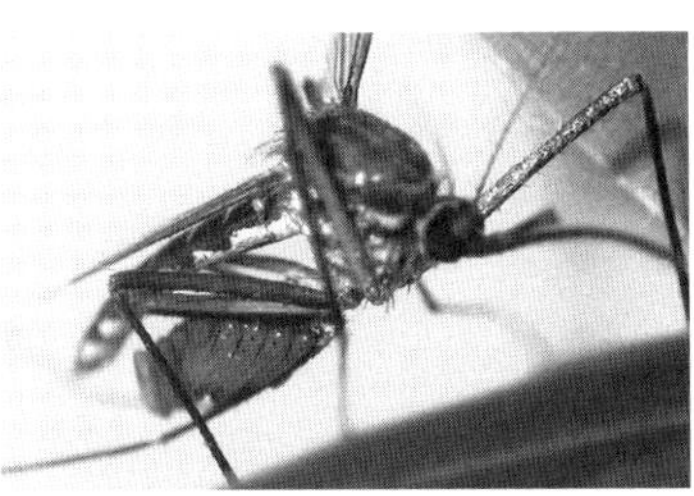

脚に卵を抱える*Armigeres fluvus*
撮影者：宮城一郎
撮影場所：マレーシア・ゴンバック

第2章

蚊から身を守る！

2-1 蚊から自分を守る、蚊からみんなを守る

蚊に刺されると痒みに悩まされます。また蚊は、命にかかわるような危険な感染症を媒介します。では、蚊から身を守るにはどうすればよいのでしょうか。ここでは、主に公衆衛生の考え方に基づいて、現代の蚊、主にヤブカの防除方法を紹介していきます。

▼蚊から自分を守る

屋外で蚊から本気で自らの身を守るには、長袖、長ズボン、ゴム手袋をして、頭には網つきの帽子をかぶります（**図2-1**）。さらに全身への忌避剤*の塗布も必要です。蚊は暑い季節に発生しますが、本来ならここまで防備すべきです。しかし、そのような格好で外を出歩く人はいません。一般には、キャンプや野良作業で利用されている忌避剤を、皮膚の露出したところにのみ塗布することが多いでしょう（忌避剤は肌に塗布して蒸散

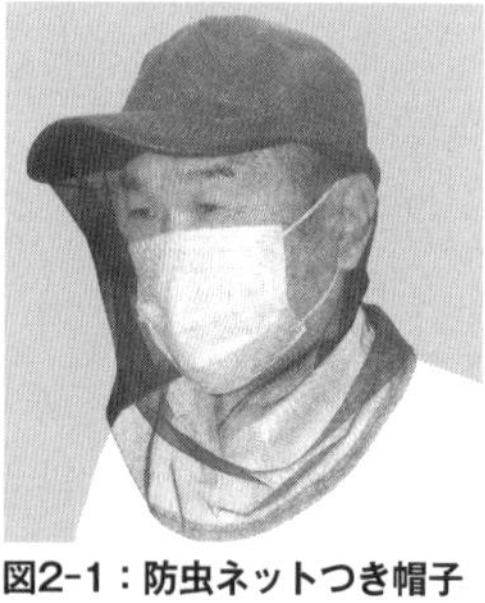

図2-1：防虫ネットつき帽子

***忌避剤**…本章111～113頁のコラム参照。

による効果を期待するもので、衣服にかけてもあまり効果はありません）。これに対し、害虫獣などの有害生物対策のペストコントロール事業者（詳しくは、本章114頁のコラム参照）は、デング熱などの感染症媒介蚊対策において重装備で臨むことがあります（図2－2）。これは国内感染者が出た場合、自らが感染者（キャリアー）になることを避け、その周囲に生息する感染症媒介蚊を駆除するためです。もちろん散布時に殺虫剤を浴びない効果もあります。一方、屋内では、網戸の普及や安全性の高いさまざまな防虫剤があるので、それらを利用しましょう。

図2-2：ペストコントロール事業者の防護装備

▼蚊からみんなを守る

蚊の防除には大きく分けて、予防を主とした対策と、成虫のみの対策があります。前者の予防対策では幼虫（ボウフラ）対策、発生源（図2－3）対策を含み、幼虫対策では幼虫の発生する水域をなくすこと、その水域にＩＧＲ（Insect Growth Regulator）剤*を投入することが主になります。また、成虫の休息場所となる茂みなどを刈り取ることで生息数は減数でき

＊ＩＧＲ剤…昆虫成長制御（Insect Growth Regulator）剤。昆虫の脱皮や羽化を妨げる作用をもつ。蚊の幼虫に対して使用する。人や動物に対しては毒性は極めて低い。

ます。いずれの対策も予防的効果は極めて高くなります。後者は成虫のみの対策ですが、こちらは２０１４年デング熱国内発生時*の媒介蚊の対策の事例を参考にして詳細を解説しましょう。

▼防護服と忌避剤

国内感染のデング熱発生時にはその周囲の成虫防除を行いますが、その際の目的は大きくふたつに分かれます。ひとつは感染症対策としての蚊の防除です。この場合は「感染を防ぐ目的」から無塵衣《むじんい》（防護服）を着用し、ゴーグル、マスク、手袋、長靴を装着して露出部を少なくし、自らの感染を防ぎます（図２−２）。露出している顔の一部分には忌避剤を利用

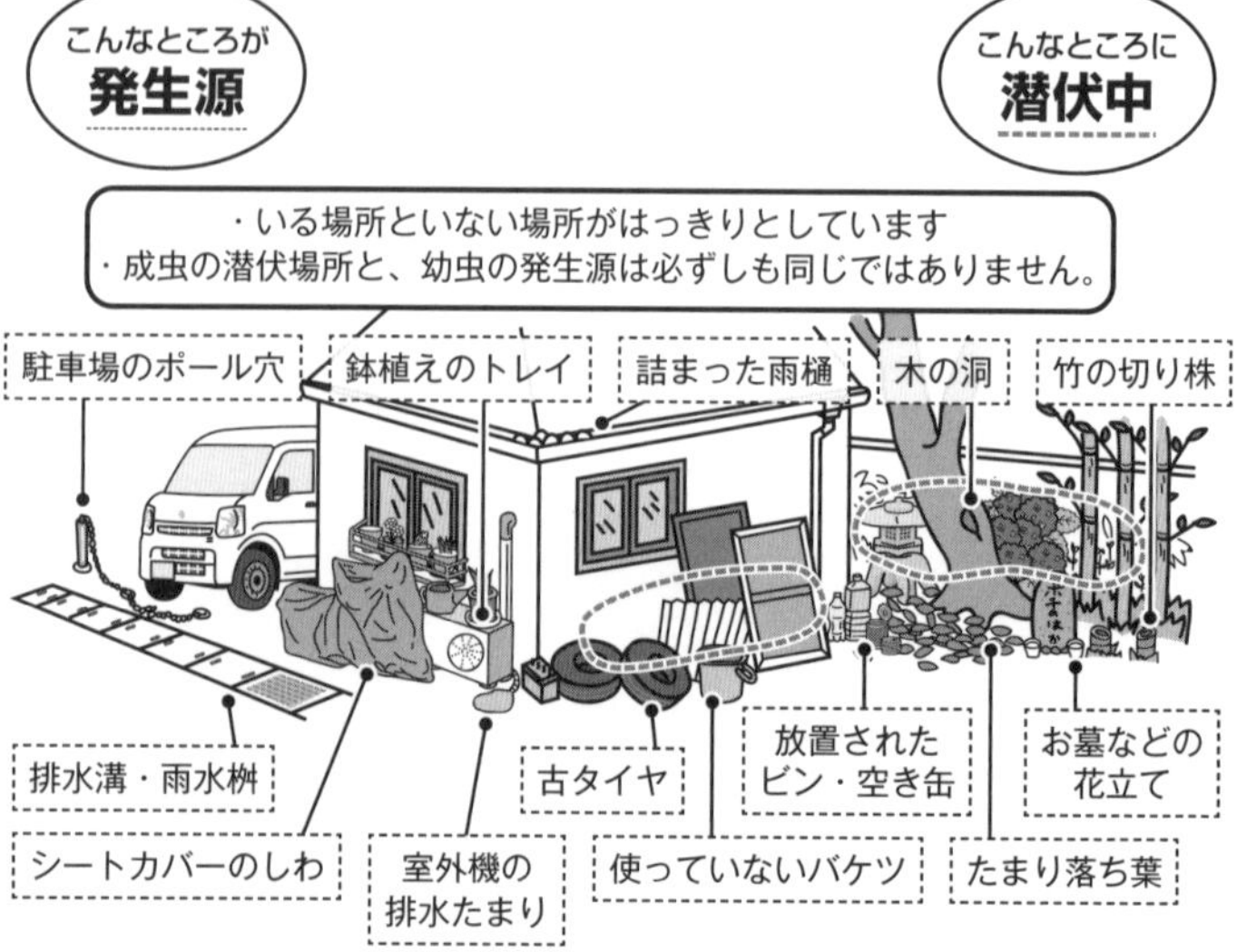

図2-3：蚊の発生源
参考資料：クリンネス（(一財）環境文化創造研究所）2017年6月号ポスター

します。この装備を着用するとかなり暑くなるため、熱中症に注意が必要であり、こまめな水分補給を行い、休憩を適度に入れる必要があります。

もうひとつは、蚊の成虫防除を目的とした殺虫です。この場合は日常の作業着を着用し、長靴、手袋、マスク、帽子を装着します。この時は、顔、首など露出部が多く出るので、そこに忌避剤（ディートやイカリジンなどの虫よけ成分を含むもの）を塗布します。忌避剤が苦手な人は、冒頭で紹介したような、園芸用に市販されている防虫ネットつき帽子をかぶります。忌避剤の塗布時には目や口に入らないよう注意して、耳にも塗布します。時間が経つと汗で忌避剤が流れ効力が低下するので、継続した塗布が必要です。

▼**機器類**

２０１４年デング熱国内発生の初期、代々木公園（東京都渋谷区）および青山霊園（東京都港区）では動力を用いない蓄圧式のハンドスプレイヤーを中心に対策を実施しましたが、殺虫効率はよくありませんでした（**図2-4**）。諸事情によりほかに

＊２０１４年デング熱国内発生時…代々木公園を中心にヒトスジシマカが媒介するデング熱の国内感染事例が報告された。当時、公園を封鎖して（公社）東京都ペストコントロール協会が蚊の防除を行った。

図2-4：ハンドスプレイヤーによる蚊の駆除

選択肢がなかったのですが、広域でのハンドスプレイヤー処理は、夏の時期には相当厳しいものでした。基本的には炭酸ガス製剤や、樹木消毒用の圧力の高い動力噴霧機を使う方が効率はよいでしょう（図2－5）。なお、動力噴霧機を主に使った場所は、新宿御苑《しんじゅくぎょえん》や新宿公園（ともに東京都新宿区）、上野公園（東京都台東区）および千葉県千葉市稲毛区の住宅現場で、それぞれ駆除に成功しています。

人に害をおよぼすような有害生物の防除などを行っているペストコントロール協会が中心となって駆除を実施した稲毛区では、人の入れない笹薮のような植栽に対して動力噴霧機は有効でした。そして、小さい植栽や住居周辺の物影（たとえば洗濯機や倉庫の下）、崖の水抜きの穴などにはハンドスプレイヤーを利用しました（図2－4）。また、上野公園での処理においても動力噴霧機処理はロープで立ち入りを制限して実施しましたが、代々木公園のように封鎖したわけではないため、屋外のカフェ周囲の植栽、公園でのイベント設営周辺、公園周囲沿道隣接の植え込みなど、薬剤の飛散を微細にコントロー

図2-5：動力噴霧器による蚊の駆除

ルすべき箇所はハンドスプレイヤーでの処理も併用しました。さすがに3m前に喫茶店があるような場所で、動力噴霧器の騒音を立てて派手に薬剤を撒くことはできません。その点、ハンドスプレイヤーを用いれば、「水やり」程度に静かに、薬剤を飛び散らさずに処理して回ることが可能です。

いずれも植栽への噴霧は、成虫のたまりやすい葉の裏、植栽の中に行いました。動力噴霧機での薬剤飛散などの心配がある住宅街であれば、ハンドスプレイヤーや背負い式の動力噴霧機の方が小回りは効きます。なお、上記の実践では利用していませんが、新宿御苑で行った演習では、ULV＊（高濃度少量散布：Ultra Low Volume）も利用し、実用性が高いことを確認しました（図2－6）。

＊ULV…高濃度少量散布（Ultra Low Volume）。特殊な機器により粒子5～20㎛の薬剤を空間に噴霧して殺虫する。

図2-6：ULV（高濃度少量散布）による蚊の駆除

▼薬剤

■成虫対策：いずれの現場でも、基本的には魚毒性の低いエトフェンプロックスを50～100倍で散布しました。特に動力噴霧機では効率がよい結果となりました。稲毛区の例では計算すると

50㎖／㎡ほど散布しています。ハンドスプレイヤーでも50㎖／㎡です。また明治神宮《めいじじんぐう》（東京都渋谷区）の樹木下の植栽、稲毛区のコンクリート製の蓋がされた側溝など、人の手が届かないような場所では、炭酸ガス製剤（スミスリン）が効率がよく有効だったようです。なお、煙霧処理や炭酸ガス製剤は天候、特に風向きの影響を受けやすく、強風時にはハンドリングが困難で効果も低減します。ULVにはフェノトリン10％原体をそのまま利用しましたが、この方法も天候に左右されます。いずれにしても、住民、植物やほかの生物への影響に配慮して散布することが望ましく、特に近隣住民に対しては殺虫剤散布を事前に周知徹底することが重要です。

■幼虫対策：基本的にIGR剤を利用しますが、発生源の場所や効率を考慮すると、乳剤や水性乳剤の利用も考えます。環境に配慮するならば、BT（*Bacillus thuringiensis*）剤*の検討も必要かもしれません。

▼蚊の生息調査と防除が重要

ヒトスジシマカは、デング熱やジカウイルス感染症、チクングニア熱などの病気を媒介する能力をもつ蚊で、わが国で最もポピュラーな蚊です。

＊**BT剤**…土壌細菌を用いた生物農薬で、特定の殺虫性をもつ結晶タンパク質をつくり出す。これが、昆虫の体内で分解されるとCrytoxin（クライトキシン）と呼ばれる毒素になり、Crytoxinが対象害虫の消化管（中腸）に結合すると穴が開くため、その害虫は消化不良を起こし死亡する。

デング熱をわが国で蔓延《まんえん》させない対策として、ヒトスジシマカの生息調査と防除が重要で、蚊の調査と防除には大きくふたつの異なる考え方をもつ必要があります。そのひとつはデング熱などの国内感染がない場合、通常のサーベイランス*での蚊の把握と予防のために成虫と幼虫の生息密度を減らすこと。もうひとつは国内患者発生時のサーベイランスと緊急的な防除体制下での組織立った活動での成虫の防除になります。いずれにしても、継続調査の重要性が高くなります。調査をせずに薬剤を散布するのは簡単ですが、生物多様性や環境保護の観点からも、無差別に殺虫剤を散布することは避けなければなりません。

わが国では、蚊が媒介する感染症抑制対策を目的とした教育を受ける機会や、各家庭レベルでの衛生意識の高さがあります。対して、世界規模で見ると、特に発展途上国での防除対策は非常に難しいものがあります。日本の防除事例は、そのままほかの国や熱帯地域での蚊の対策にスライドできるものではありませんが、日本の防除技術を用いてマラリアなどが抑制できるようになれば、発展途上国への貢献は大きいと考えています。

***サーベイランス**…蚊の種類や発生状況を正確かつ継続的に調査、把握しその情報をもとに発生の予防と管理をはかる一連のシステムのこと。

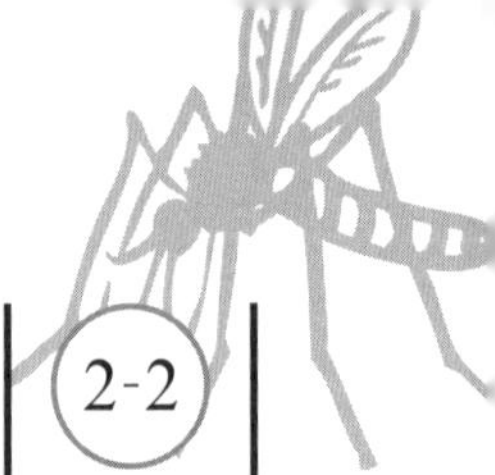

2-2 蚊の防除史

▼ヤグルマギク種子の粉から明治時代の蚊取り線香登場まで

蚊に血を吸われて痒くなることは、はるか大昔、まだ言葉ももたない人類が蚊と出会った頃から認識されていたはずです。しかし人類は、蚊が多く生息するものの生活に便利な水辺環境に定着し、水田や水路など蚊が増える環境を人工的につくり出したため、蚊に刺される機会も増えていったのです。そのようななか、人類は蚊から身を守るいくつかの方法を考案しました。ただし、その頃はまさか、蚊が病気を媒介するなどとは考えてもいなかったでしょう。ここでは、近代以前の蚊対策の歴史を紹介します。

害虫防除の源流は、ヨーロッパでは２０００年以上も前に遡《さかのぼ》ります。古代ギリシア、ローマ時代にヤグルマギク（キク科の植物）の種子の粉でシラミ*を駆除し、バイケイソウ（ユリ科の植物）やヒ素*をミルクやワイ

***シラミ**…人に寄生する吸血性の昆虫でコロモジラミ、アタマジラミ、ケジラミが知られている。

***ヒ素**…毒性が強く、かつては殺虫・殺鼠剤としても利用されていた。

ンに入れた液でハエを駆除したのが殺虫剤の始まりです。また古代中国でも、ニシキギ、ヨモギ、ビャクヤクなどの植物を燻《いぶ》して衛生害虫や貯蔵害虫を駆除し、後にヒ素、硫黄《いおう》などが用いられました。

蚊の対策の史実で有名なものとしては、1903年に始まった、パナマ運河の建設時に発揮されたものがあげられます。建設を主導したアメリカは、蚊が感染症を媒介することを確かめた上で、①発生源除去、②網戸の使用、③草むらの焼却、④鉱油*滴下によるボウフラ駆除を徹底して行い、黄熱*やマラリアから労働者を守りました。これらが、現代の蚊対策の源流と言えます。

一方、日本での蚊の成虫の防除は、既に『万葉集《まんようしゅう》』（784年）に「蚊《か》火《び》」の言葉とともに植物を燻して虫害を防ぐ様子が歌われています。蚊火は、蚊遣《かや》り火《び》、蚊いぶし、蚊くすべと同義語で、各種の樹葉や野草を燻《くす》べたそうです。特に蚊遣り火は、鎌倉時代の『徒然草《つれづれぐさ》』にも記載されています。江戸時代には、ヨモギの葉、カヤ、マツ、スギなどの青葉、クスノキのおがくず、ミカンの皮などを燻しました。しかし、その時代の蚊遣り火はかなりの煙を出しても、それほど効果がなかったようです。明らかな効

＊**鉱油**…水に浮く油で膜をつくり、蚊の幼虫が水面で呼吸できないようにして殺虫する。

＊**黄熱**…かつて野口英世も罹患したことで知られている疾病。主にアフリカや中南米でネッタイシマカが媒介し、患者数は年間20万人、突然の発熱、頭痛、背部痛、虚脱、悪心、嘔吐などが主な症状である。

果がある煙が普及したのは、明治時代に除虫菊《じょちゅうぎく》*が渡来し、それを利用したいわゆる蚊取り線香がつくられてからでしょう。また、蚊のボウフラの防除は、明治時代初期に考案された鉱物油や石油を水面に処理する方法が、大正時代に至るまで利用されました。

蚊帳《かや》の起源は古代エジプトに始まります。わが国には1000年ほど前に中国から伝えられました。戦国時代には、竹竿を四角に吊って布を下げたものが、公家《くげ》の間では使用されていたようです。江戸時代に入って現代の形式に改良され、庶民にも普及していきました。しかし、現代では網戸が広く用いられ、蚊帳を使った経験がある人も少なくなりました。

さらに、初めての生物学的駆除は江戸時代まで遡り、ボウフラ退治のためフナ*を放しました。その後、大正5年にカダヤシ*が移入されましたが、期待されたような効果はなく、現在では特定外来生物*として問題になっています。

近代以前の蚊との戦いは、悪戦苦闘、試行錯誤の連続だったのです。

***除虫菊**…シロバナムシヨケギク（和名）というキク科の植物。除虫菊を用いた蚊取り線香の開発については、本章95頁「蚊取り線香の開発」参照。

***フナ**…コイ科フナ属の魚の総称。

***カダヤシ**…北米原産の外来種で姿はメダカに似ている。ボウフラをよく食べることから蚊絶やし（かだやし）とされた。

***特定外来生物**…人間の活動に伴い、本来の生息地外に入り込んだ生物。元来は日本の生態系に含まれていなかった。

2-3 浮世絵から見る江戸時代の蚊対策

江戸の風俗をいきいきと描いた浮世絵。そんな浮世絵にも、蚊が描かれています。その最も有名なものは、歌川国貞《うたがわくにさだ》の『星の霜 当世風俗 蚊焼き』の中の1匹の蚊でしょう（図2－7）。

蚊は自分の体重と同じ位の血を吸うことができるそうです。しかしながら、十分に吸血してしまうと、重くて飛び回ることができず、吸血後に不要な水分を排出するために、吸血現場付近で休みます。

そうです。「犯人はまだ近くにいる」のです。

この浮世絵の女性は、十分血を吸われた後に、おもむろに蚊帳の外に出て、紙燭《しそく》*に火をつけ、再び蚊帳の中に戻ってきたようです。「私の血をたくさん吸ってくれたわね。私はわざわざ暑苦しい蚊帳の中に入って、あなたに会わないようにしていたのに」。血を吸う蚊は、江戸時代の人にも、かなり憎まれていたようです。

＊**紙燭**…油をしみこませた行灯《あんどん》などの点火用の紙のこより

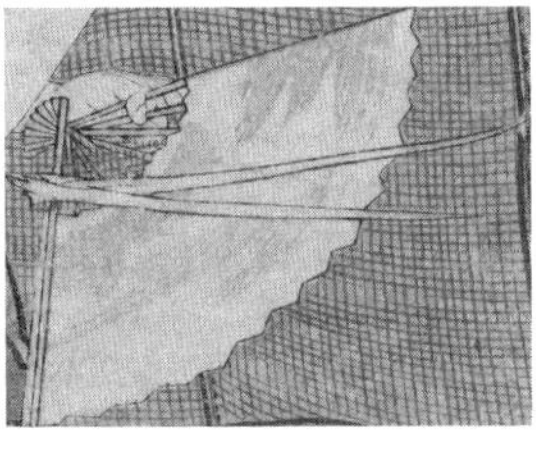

浮世絵の中に3匹の蚊が描かれているものがあります。それは、渓斎英《けいさいえい》泉《せん》の『当世子宝十景 高輪の月見』です（図2－8）。子どもに寄ってくる蚊をお母さんが団扇《うちわ》で追い払っている絵です。ちなみに団扇の語源のひ

図2-7：『星の霜 当世風俗 蚊焼き』
文政２年（1819年）、歌川（五渡亭）国貞。下は焼かれている蚊。

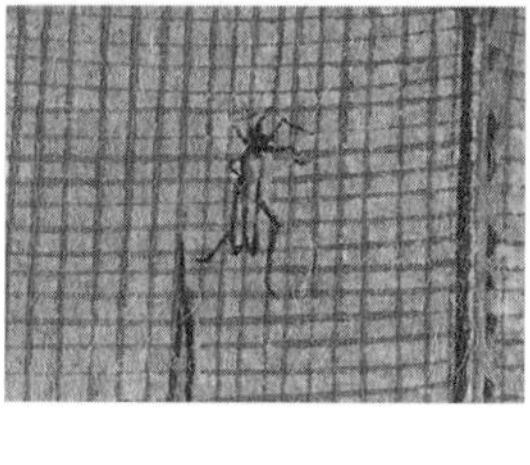

とつに、蚊やハエなどの飛ぶ虫を打つ羽だから「うちわ」というものがあります。この絵は、まさにこの語源となる光景です。寝ている子どもの左上に2匹。さらに、団扇の左上に1匹が描かれています。よくよくご覧く

図2-8：『当世子宝十景 高輪の月見』
文政12年（1829年）、溪斎英泉。下の2枚は描かれた３匹の蚊。

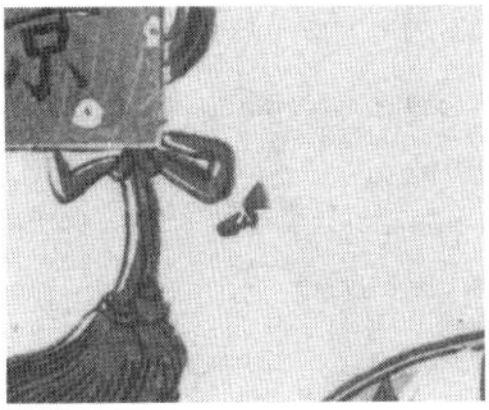

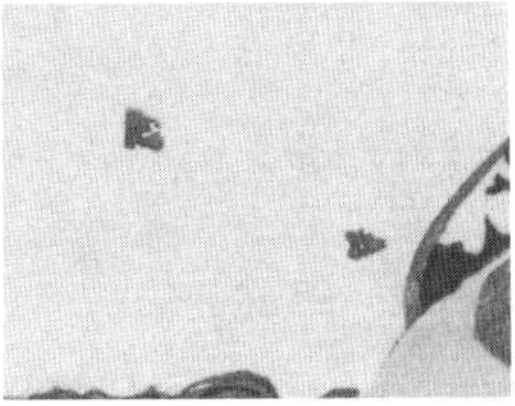

ださい。

タイトルの「高輪の月見」ですが、ここでは旧暦の7月26日の月見を表しています。月見と言えば仲秋の名月（旧暦 8月15日）を思い浮かべる方も多いでしょうが、そのほかにも、江戸時代には1月と7月の「26日の夜に月の出を拝むとご利益がある」とする二十六夜待ち信仰がありました。

7月26日の月待ちは、まだ暑いさなかです。暑さをはらうために団扇を使っていたお母さんが、ふと子どもの方を見ると、蚊が子どもを狙って寄ってきたことに気づき、あわてて蚊を追い払っている、ほほえましい浮世絵です。


江戸時代の蚊対策には、蚊帳と団扇と、もうひとつ、蚊遣り火がありました。蚊は、煙をいやがります。蚊を追い払うために、ヨモギの葉や、カヤ、スギ、マツの青葉などを火にくべて煙を多く出すのが蚊遣り火です。その歴史は古く、日本最古の歌集『万葉集』、第11巻 第２６４９首の中に、「あしひきの 山田守る翁が 置く蚊火の 下焦がれのみ 我が恋ひ居らく」の歌があり、蚊火として登場しています。

明治の浮世絵ですが、その蚊遣り火を描いた傑作が、月岡芳年《つきおかよしとし》の『風俗三十二相 けむそう』（図2-9）です。

芳年の描いたこの作品は、江戸時代を細分化し、それぞれの時代の女性を描き分けたものです。この浮世絵の副題は「享和年間 内室之風俗」。享和年間とは1801〜1803年のことで、内室とは奥様のことです。つまり、享和時代の奥様が、何かの煙に、けむそうにしている絵というわけです。

現在の私たちから見れば、この煙は、ややオーバーながら蚊取り線香の煙にも見えます。しかし、蚊取り線香が発明されたのは、棒状であっても明治23年（1890年）。この浮世絵は明治21年（1888

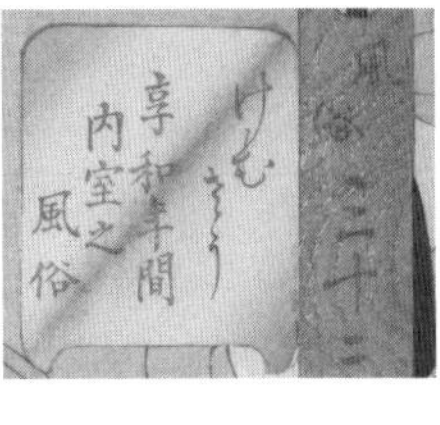

図2-9：『風俗三十二相 けむそう』
明治21年（1888年）、月岡芳年。右はタイトル部分。

年）に出版されているので、蚊取り線香ではありません。いずれにしろ、この絵で描かれているのは、夏の日の夜に蚊遣り火を焚いたところ、思ったよりも煙が強く出て、懸命に煙を払っているところなのです。煙の曲線が女性の艶姿を引き立てていますね。もし芳年が、蚊取り線香の時代に生まれていたなら、蚊遣り火の傑作と呼ばれたこの浮世絵は生まれなかったに違いありません。

江戸時代の代表的な夏のひとこまを描いた浮世絵が、渓斎英泉の『当世夏景色』です（図2-10）。

図2-10：『当世夏景色』
文政・天保期（1818年～1844年）頃、渓斎英泉。左はナデシコの花。

タイトルの下に描かれている花は、ナデシコです。秋の七草のひとつですが、夏中、庭先に咲いているので、「常夏《とこなつ》」の別名でも呼ばれていました。江戸の中でも、庶民の多く住む隅田川沿いは、当時は「本所・深川、蚊の名所」と言われていました。ナデシコの花の咲く江戸の夏は「蚊がぶ～んぶ～んの常夏でぇ」と言うことです。

夏を代表する小道具が蚊遣り器。蚊遣り火は、当初は、大きめの鉢や火鉢の上で焚かれていたようですが、次第に器も進化したようで、この浮世絵には、下部に空気取り入れ口、上部の蓋に煙排出用の穴をもつ専用の蚊遣り器と思われるものが描かれています。蚊取り線香のなかった時代は、火を焚き、煙をこのくらいモクモクと出していないと、蚊を防ぐことができなかったという、大変な時代のひとこまを描いたものなのです。

蚊遣り火専用の蚊遣り器を最近は見なくなりましたが、唯一、現在に残っている、お江戸の蚊遣り器があります。それが描かれている浮世絵が、歌川国芳《うたがわくによし》の『たとえ草をしえ早引き 蚊•』です（図2－11）。一升徳利が大量生産されていることに目をつけ、徳利を横にして、底の部分を取り、その土で、取っ手と足をつけて、目玉を開けて焼きあげたのが、「猪形の蚊いぶし」です。現在、「蚊取りブタ」の愛称で親しまれている携帯用渦巻型蚊取り線香入れのルーツです。明治28年に渦巻型蚊取り線香が発明されると、やや胴体を太くし、胴長を短くし、口を広げて、新しい時代に適応しました。「変化できるものが生き残る」というダーウィンの進化論そのものです。

この絵の左上の句は、「をりをりは 蚊遣りに曇る 水の月」。

右上の解説文には、「蚊」という文字が5回使われており、最も蚊とい

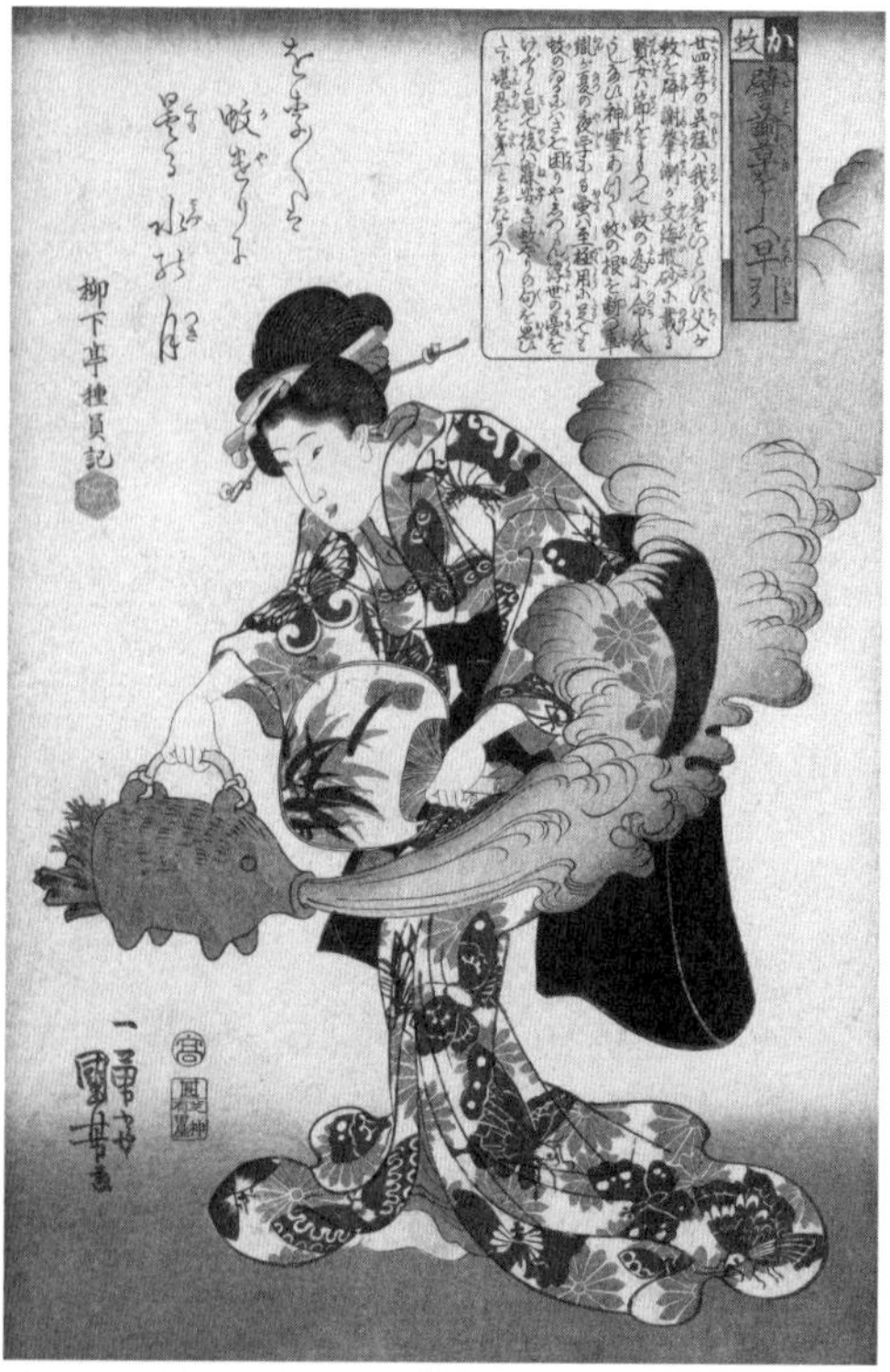

図2-11：『たとえ草をしえ早引き 蚊』
天保・弘化期（1843〜1847年）頃、歌川（一勇斎）国芳。

う文字が出てくる浮世絵でもあります。ちなみに、水の月というのは水無月（旧暦の6月）のことを指しています。

江戸時代の人々が、蚊をどのように見ていたかが分かる浮世絵があります。歌川国貞の『夕立の景』です（図2－12）。国貞は、さらに26年後に、『にわか夕立』も描いています（図2－13）。タイトルが夕立ということから、「夕立が降ると、蚊が家の中に入って来て大変だから、あらかじめ蚊遣り火を焚いて、蚊帳を吊るして蚊に備える風景だ」と考えておられる方、それは大きな誤りです。

夏の夕立につきものは、雷。昔から「地震・雷・火事・親父」と言うように、雷は怖いものの代名詞です。当時は、雷が近づくと蚊遣り火の煙を多くし、蚊帳を吊るしてその中に逃げ込み、「桑原、桑原」と呪文を唱えれば、雷様が落ちてこないと信じられていたのです。蚊遣り火を多くし、蚊帳を張る万全の蚊対策が雷対策であるという滑稽さが、

図2-12：『夕立の景』
文政４年（1821年）、歌川（五渡亭）国貞。

この浮世絵に描かれているのです。江戸時代も、象皮《ぞうひ》病や陰嚢水腫《いんのうすいしゅ》（フィラリア）や瘧《おこり》（マラリア）はありましたが、蚊が病気を媒介する犯人だと証明されたのは、象皮病で明治10年、瘧で明治30年です。それまでは、病気の原因が蚊にあるなどとは、誰も知らなかったのです。おそらく江戸時代の人々は、蚊を迷惑なヤツとは思っても、恐れてはいなかったでしょう。

図2-13：『にわか夕立』
弘化４年（1847年）、歌川国貞（一陽斎豊国）。にわか夕立の真ん中の女性が「火口《ほくち》箱」の火種をとっているのは、これから蚊遣り火を焚こうとしているところである。

2-4 蚊取り線香の開発

２０１３年、大日本除虫菊《だいにほんじょちゅうぎく》㈱（金鳥《きんちょう》）の蚊取り線香（図２－14）が、国立科学博物館の重要科学技術史資料（通称「未来技術遺産」）に登録されました。この登録により、蚊取り線香が、日本で発明された世界初の製品であることが国から認定されたことになります。

　蚊取り線香が画期的なのは、それまで蚊を専門に退治する製品がなかったなかで、個人でも手軽に蚊の駆除をできるようにしたことです。この発明は、明治19年（１８８６年）に天然殺虫成分ピレトリンを含んだ「除虫菊」という花、すなわち新しい原料に出会い、明治23年（１８９０年）に、伝統の仏壇線香の技術を用いて棒状の蚊取り線香を発明し、さらに改良を加えて、明治35年（１９０２年）に渦巻き型蚊取り線香を

図2-14：金鳥の蚊取り線香

発売した、金鳥の創業者・上山英一郎《うえやまえいいちろう》によるものです。

上山は、江戸時代末の文久2年（1862年）に、現在の和歌山県有田《ありだ》市《し》で、「紀州蜜柑《きしゅうみかん》」農家の四男坊として生まれました。明治時代になり、文明開化した東京にあこがれ、明治15年（1882年）頃に上京しました。恩師・福沢諭吉《ふくざわゆきち》の慶應義塾《けいおうぎじゅく》に通っていた時に、残念ながら脚気《かっけ》を患い、郷里の和歌山に帰ることとなりました。郷里に帰って間もなく、福沢諭吉から、アメリカの種苗商が、ミカンの苗に興味をもっているので面倒を見て欲しいとの依頼がありました。恩師の頼みごとにノーと言うはずがありません。東京まで種苗商を迎えに行き、和歌山の自宅のミカン農園を案内し、そしてミカンの苗までもって帰らせたのです。この歓待ぶりに感激したアメリカの種苗商が、お礼にと送ってくれたさまざまな植物の種子のなかに除虫菊（図2-15）の種子が含まれていたのです。

上山は、この除虫菊の花を乾燥させ粉砕したものが、

図2-15：除虫菊の花

西洋から日本へ入ってきた、舶来の「のみとり粉」の原料であることに気づきました。自分の手で除虫菊を栽培すれば、国産ののみとり粉をつくることができ、さらには輸出できるのではないかと、上山の夢は広がっていきました。除虫菊の栽培に成功し、国産のみとり粉の販売に目途がついてきた頃、上山は、日本人が一番困っている害虫の退治に目をつけます。

その害虫こそ、蚊でした。除虫菊をのみとり粉として使用し始めた西洋の人々は、どちらかというと、高緯度の国、北海道のように涼しい国の住民です。彼らはノミやシラミには悩まされていましたが、蚊にはあまり悩まされていませんでした。日本の夏には、蚊がたくさん発生します。なぜ日本の夏に、蚊が多いのかと問われれば、2000年以上前の弥生時代《やよいじだい》から水田で米をつくってきたからです。日本は、トンボの多い国です。古より、トンボの古名である「秋津《あきつ》」を用いて、日本の異称として秋津島や秋津国が歌に詠まれてきました。なぜトンボが多いか。それはトンボの餌となる蚊が多いからです。もちろん、日本の気候が温暖で雨の多いことも、水田が増加していった理由ですが、水田は蚊の絶好の産卵場所なのです。

上山は、除虫菊の天然殺虫成分（ピレトリン）を蚊に効かすために、除虫菊の粉、すなわち、のみとり粉で、仏壇に供える線香をつくることを思いつきます。こうして明治23年（1890年）に、世界で初めての蚊取り線香が、棒状で誕生したのです。棒状の蚊取り線香（**図2-16**）は、仏壇線香を応用したために、長さが約20㎝で、約40分で燃えつきるものでした。なぜ約20㎝にしたのかと問われれば、江戸時代の線香職人さんが約20㎝でつくっていたからとしか答えられません。しかしながら日本の仏壇線香は、江戸時代に大きく進歩していたのです。東南アジアのお寺で使用する、お釈迦様《しゃかさま》に供える線香は、手もち棒がついた線香です。手もち花火のように、燃焼が終わると棒が焼け残ります。これでは、棒がもったいないと考えた江戸時代の人が、完全燃焼タイプの仏壇線香を発明したのです。この発明が、蚊取り線香の次の開発に大きな貢献をしてくれます。

昼間に活動的なヤブカには、40分の棒状蚊取り線香で対処できますが、夜間に活動的なイエカには、40分ごとに起きる必要があるため、長さ20㎝

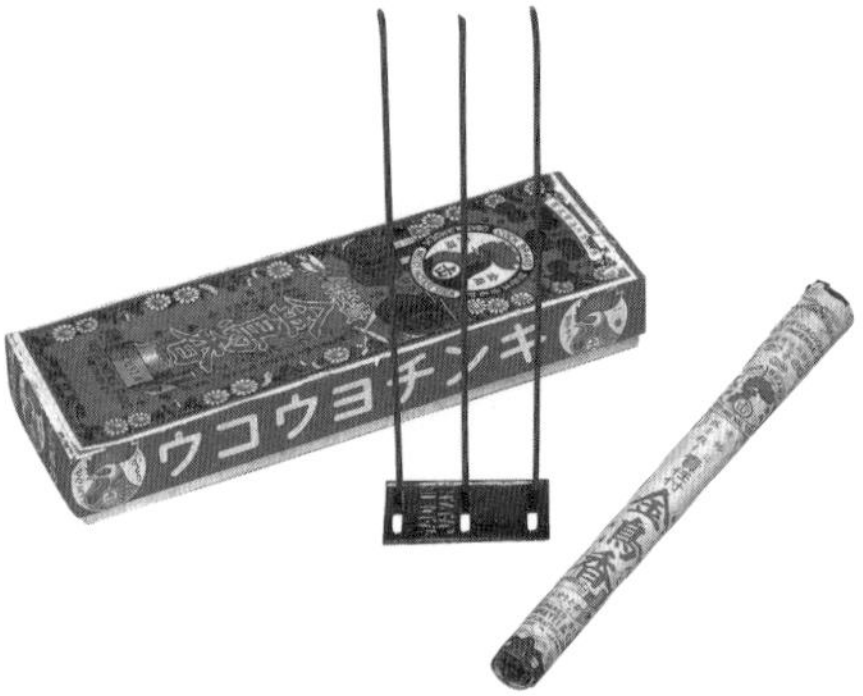

図2-16：棒状の蚊取り線香

の棒状蚊取り線香は不便です。この不便さを解決すべく、上山は棒状蚊取り線香の改良を考え始めました。そして、この時に「渦巻き」のアイデアを出したのが、上山夫人のゆきさんでした。

明治28年（1895年）の渦巻き発案当初は、渦巻き型にくり抜いた試作木型（**図2-17**）に、こねた線香の粘土状のものを手で詰め、そして渦巻き型をひとつずつ取り出して製造しようとしていました。しかしながら、これでは大変手間がかかり、大量生産にはふさわしくありません。そこで、2本のうどん状にこねた線香を同時に丸めて巴状《ともえじょう》にする、現在と同じ形の、ダブルコイル方式が考案され、手巻き作業（**図2-18**）で大量生産が可能となりました。ダブルコイル方式では、使用する時に、それぞれをひとつずつに離さなければなりませんが、輸送途中の折れが防止され、ひと巻きずつより物流コストが半減されるという合理性をもっており、手巻きから機械打ちになった現在でも、その形状はつづいています。ダブルコイル方式の蚊取り線香の製造は、乾燥時の工夫がさらに必要でしたが、比較的容易でした。これは、江戸時代の人が、完全燃焼タ

図2-17：試作木型

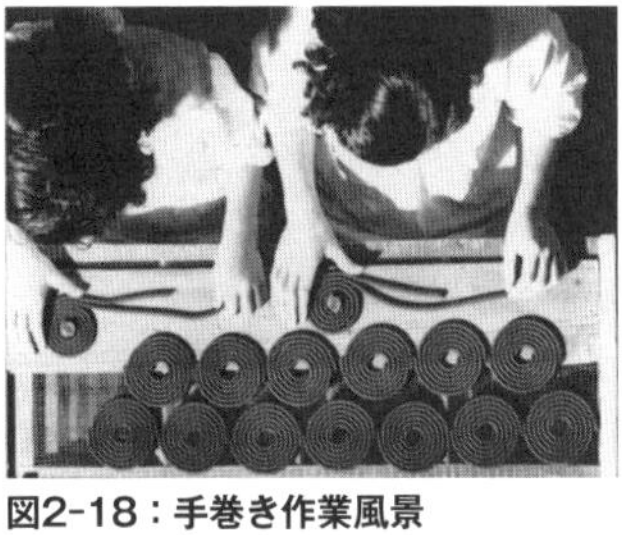

図2-18：手巻き作業風景

イプの仏壇線香を発明していてくれたお陰です。手もち棒がついた線香しかなければ、渦巻き型の蚊取り線香の開発は挫折していたかもしれません。

除虫菊の天然殺虫成分ピレトリンには、殺虫効果以外に3点の特徴があります。1点目は、太陽光に弱いこと。自然分解が早いので、自然界への負荷がほとんどありません。有機塩素系の殺虫成分であるＤＤＴ（Dichloro Diphenyl Trichloro ethane）やＢＨＣ（Benzene Hexachloride）が海外で発明されましたが、これらは自然界で分解することがなく、レイチェル・カーソン*の『沈黙の春』という作品で、その危険性が知られるところとなり、現在では、ほとんど使用されなくなりました。2点目は、人体に対して安全性が高く、体内に入ったものは、代謝酵素で解毒化されることです。これに加え、自然界で分解しやすいことから、除虫菊由来の殺虫剤が家庭用殺虫剤の中心となっています。そして3点目は、２５０～３５０℃くらいの熱で揮散することです。蚊取り線香の殺虫成分の揮散の仕組みは、発明から半世紀を過ぎて解明されました。火のついた燃焼部分は８００℃くらいの熱があるのですが、この赤く燃えている部分の手前６～８㎜の所で２５０～３５０℃くらいに温められた時

***レイチェル・カーソン**
…アメリカ出身の生物学者。著書『沈黙の春』で殺虫剤などの化学物質の大量散布の危険性を説いた。

に、燃焼より先に、殺虫成分が揮散しているのです。

20世紀は科学の時代と呼ばれました。除虫菊の天然殺虫成分ピレトリンも戦後急速に研究が進み、蚊取り線香に適したピレトリンに類似した合成殺虫成分アレスリンが開発されるようになりました。そして、火の代わりにヒーターを熱源とする液体式（図2-19）やマット式の蚊取りが開発されていきます。さらには、常温で揮散するタイプの合成殺虫成分（メトフルトリンなど）が開発され、電池式、プレート式、スプレー式などのさまざまな蚊取り製剤が発明されていくことになりました。

図2-19：日本初の液体式電子蚊取り「金鳥エイト」
昭和40年（1965年）に発売された液体式電子蚊取り。

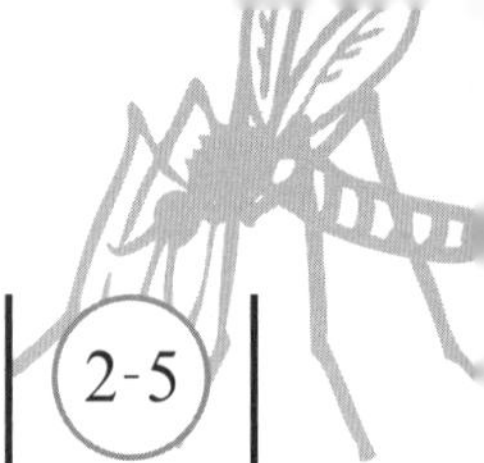

2-5 液体電子蚊取り器登場

▼防虫用品大国日本

蚊と人類との戦いは長く、日本における防虫用品の歴史は、明治時代にアメリカから輸入された除虫菊を使った商品開発から大きく進展しました。今では電子蚊取りやワンプッシュ式蚊取りのようなさまざまな商品が生まれています。

日本では約数千品番の防虫用品があることから分かるように、世界でも有数の防虫用品大国です。日本は四季があり蚊はほとんど夏しか出ないのに、なぜ常夏の国よりも多くの商品が生まれたのでしょうか。その背景となるのは高い衛生意識と、日本ならではの痒いところまで手が届く商品開発力です。

世界ではエアゾール*タイプや蚊取り線香が主流ですが、日本では電子蚊取り、ワンプッシュ式蚊取り、吊り下げ式蚊取りなど、いつでもどこで

＊**エアゾール**…気化した噴射ガスと有効成分をつめた容器の外に自力で霧状や泡状などにして放出させる製品。

も手軽に使いやすい商品がたくさんあります。では、そのような商品が生まれてきた歴史と技術を、より深く学んでいきましょう。

▼液体電子蚊取りの開発

液体電子蚊取り「アースノーマット」を例に、液体電子蚊取りがどのように生まれたのかを振り返ってみましょう。

その誕生は1984年まで遡ります。蚊の駆除剤として、1960年代までは蚊取り線香が隆盛を極めていましたが、その後、1963年に「蚊取りマット」が登場して人気を博しました。しかし、蚊取り線香は使用のたびに火をつけなければならず、燃焼時間も短く、煙によるヤニの問題を抱えていました。蚊取りマットも同様で、使用時間は多少長くはなったものの、毎日マットを取り替える手間があり、薬剤が安定して拡散しないため、効き目には難がありました。

そこで、それらの欠点を克服し、利用者が手間をかけずに好きな時に好きなだけ使用でき、さらに最後まで安定した効き目を発揮できる全く新しい蚊取り製品を開発しようと、1979年にアース製薬で開発プロジェクトがスタートしました。試行錯誤の末にたどり着いたのが、薬液をヒーターで温めて揮散させる方式です。しかし、最初にできた試作品の殺虫効果は、長くて数日から1週間程度が限界でした。ここで、どのくらいの持続時間があればいいかというアンケートを社内で実施してみたところ、圧倒的に「最低1カ月」の声が多く、かくして「連続使用時間、最低1カ月（1日12時間使用×30日＝360時間）」という目標が立てられました。

1カ月安定して効き目を発揮するという目標のために不可欠なのは、薬液の入ったボトルに浸ける「吸液芯」（図2－20）の開発でした。吸液芯には、薬液を適時所定の量を吸い上げることで、安定的に部屋中に揮散し、殺虫効果を使い終わりまで維持するという大きな役割があるからです。

さらなる研究の結果、実験室レベルにおける吸液芯は無事完成し、目標達成が見えたかに思えました。ところが、工場で量産が始まり品質チェックを行ったところ、思わぬ壁にぶつかりました。量産した吸液芯の性能にバラつきが生じたのです。さらに液漏れがするなどの問題

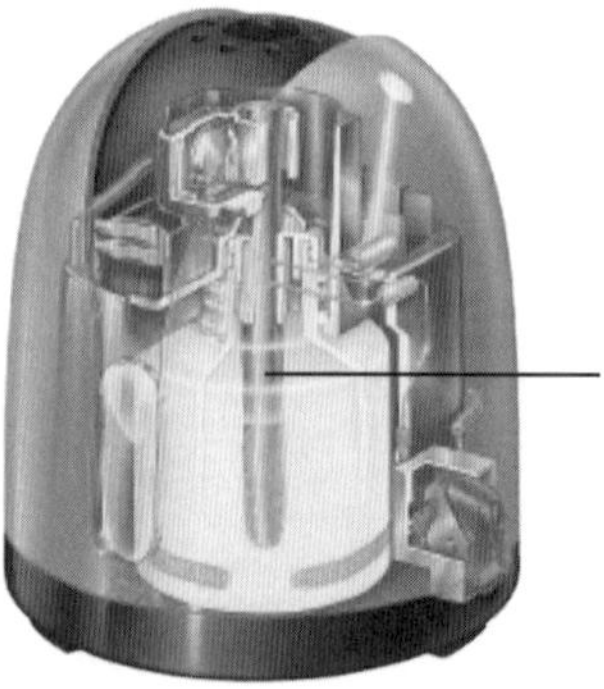

図2-20：液体電子蚊取りの内部構造

も起き、再び研究室にこもる日がつづきました。

　しかし、この吸液芯の問題も、それまでの商品の研究過程で得られていたデータや、培ってきたの技術を駆使し応用することで解決することができ、プロジェクト開始から5年の歳月を経て、１９８４年に液体電子蚊取り「アースノーマット30日セット」は商品化されました（図2-21）。

　その後、アースノーマット発売25周年を迎えた２００９年には、液体蚊取りのトップメーカーとして世界に貢献したいと考え、「ストップモスキートプロジェクト*」を実施しました。

　最近ではコンセントに挿すだけでなく、ＵＳＢ電源などでもち運ぶことができるタイプも生まれてお

図2-21：アースノーマット

＊ストップモスキートプロジェクト…アースノーマットの売り上げの一部（1個につき5円）を、日本赤十字社の活動である、マラリアなどの感染症の予防に関する知識の啓発、移動診療による治療の提供などをはじめとしたケニアの子どもたちを救う地域保健強化事業（愛ホップ活動）へ寄付するもので、最終的に1000万円の支援金寄付を行った。この活動が認められ、日本赤十字社からは感謝状を、国からは紺綬褒章を授与されている。

り、人々がより使いやすく進化はつづいています。

▼進化しつづける防虫用品

このように日本の蚊取りは、蚊取り線香、マットタイプ、液体タイプの電子蚊取り器と進化をつづけた結果、夏の蚊対策は画期的に便利になり、より手軽に使えるようになりました（図2－22）。

さらには、平成に入ると火も電気も熱も使わないワンプッシュ式蚊取りが開発されました。この商品は超微細な霧を長時間漂わせ、ワンプッ

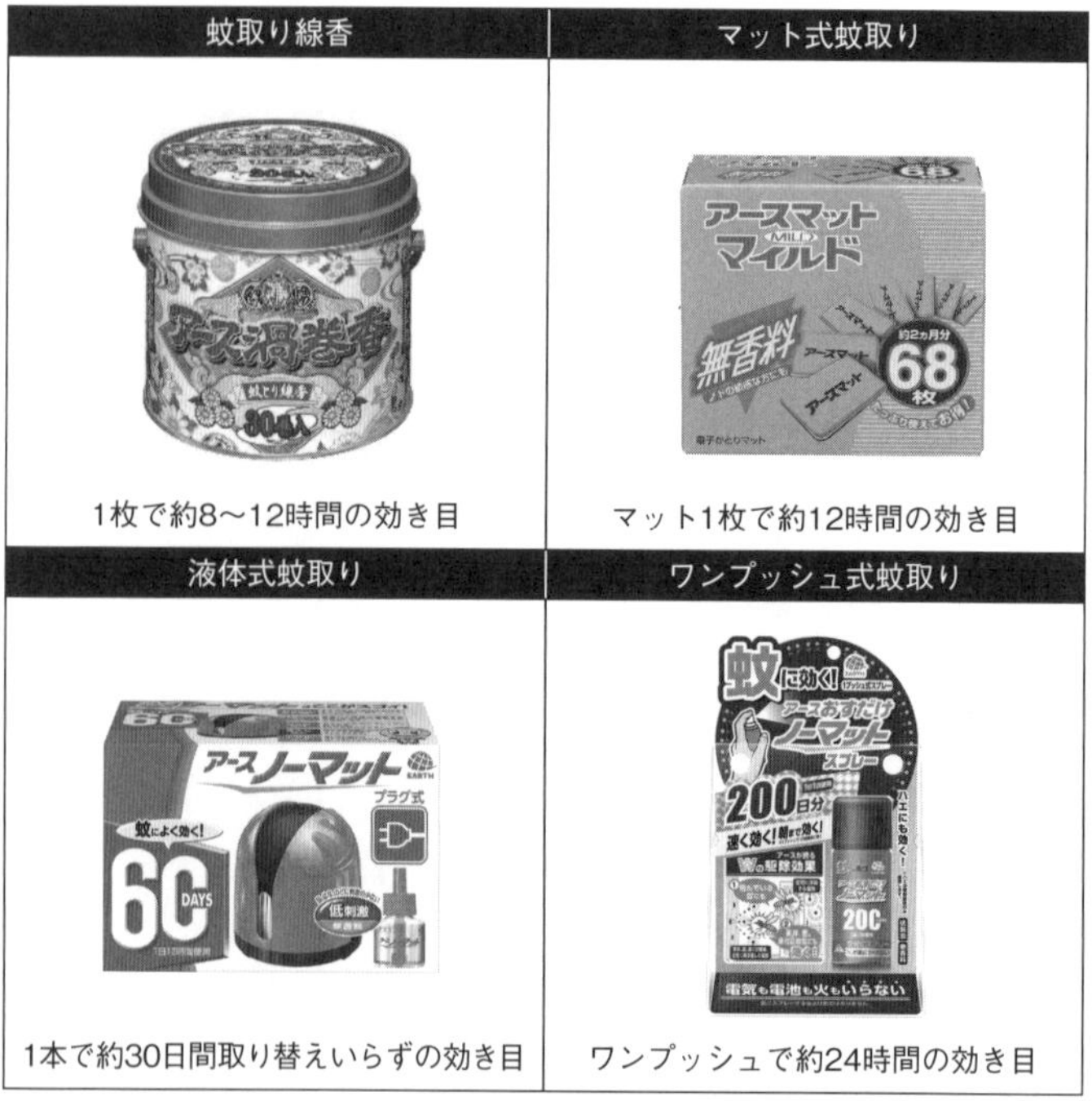

図2-22：蚊取りの進化（アース製薬の虫ケア用品）

シュで24時間の効き目を発揮します。どんな部屋でも手軽に使えるので、簡単に蚊の対策ができるようになりました（図2－23）。

便利で手軽な防虫用品が開発されるにつれ、日本では蚊の媒介による感染症の低減が進み、世界でも有数の衛生大国となりました。今でも防虫用品は常に進化をつづけています。

図2-23：ワンプッシュ式蚊取り
プッシュするだけで必要量の薬剤が広がり、空中に滞留、壁や床に付着することで再揮散を繰り返し、長時間効果が持続する。

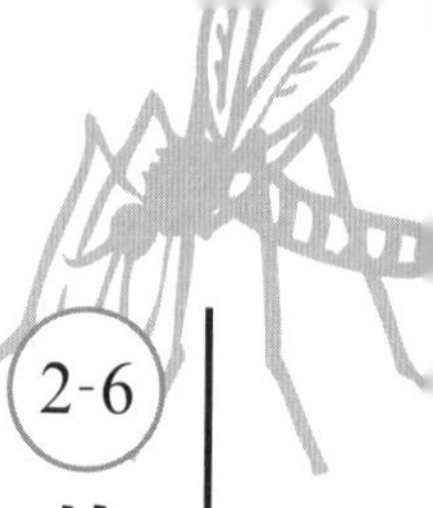

2-6 蚊を放して蚊を退治する

1977年、沖縄県はウリ科やナス科作物の害虫ウリミバエを根絶しました。殺虫剤に頼らない「虫を放して虫を滅ぼす」不妊虫放飼法の国内初の試みでした。現在、世界保健機関（WHO）は蚊防除を3つの柱「化学的、環境的（物理的）、生物学的防除」で進めていますが、世界のマラリアやデング熱の流行地では、殺虫剤による化学的防除や環境的防除に限界が生じている地域も多く、「蚊を放して蚊を退治する」生物学的防除が注目されています。ここでは、新たに開発された生物学的防除の方法を紹介しましょう。

▼共生細菌ボルバキア感染蚊を放す

1924年にアカイエカ種群（*Culex pipiens*）から発見された共生細菌は、1936年にボルバキア（*Wolbachia pipientis*）*と命名されました。その後、

＊共生細菌ボルバキア…節足動物の体内に共生する細菌の一種で、特に昆虫に高頻度に確認されている。ミトコンドリアのように母系遺伝し、宿主の行動や生殖をコントロールすることが知られている。

＊メンデル遺伝…1857年にグレゴール・ヨハン・メンデルが発見した遺伝の法則。純系の優性と劣性の遺伝子をそれぞれもつ親の子世代（F1）は全て優性形質を示し、その次の孫世代（F2）は優性形質が3に対して劣性形質が1の頻度で出現することがエンドウマメを用いた交配実験により明らかになった。

アカイエカにおいてボルバキアに感染した雄と非感染の雌との交配で産まれた卵が孵化しない現象（細胞不和合性）が1971年に発見されました。また、ボルバキアに感染した雄の生存を阻害し、表現型を雌化したり、一方で感染した雌は雄を必要としない単為生殖で子孫を残すことができるなど、ボルバキアの生存に有利に働くように宿主《しゅくしゅ》の生殖システムを変えることも分かってきました。最近では、寄生性の線虫であるフィラリア虫やマラリア原虫、デングウイルスなどの病原体の増殖を阻害する働きがあることが報告されました。前述したようにボルバキアは雌のみが子孫に残すことができ、感染した雄の多くは死滅します。この共生細菌を導入したネッタイシマカを放してデングウイルス保有蚊を減らし、雄を減らすことで蚊集団を縮小させる計画が進められています。しかし、この方法は外部から蚊が侵入しない場所ではある程度の効果が期待できますが、その効果が現れるまでに数年から数十年かかると試算されています。

▼遺伝子組換え蚊を放す

この方法は、致死性やマラリア耐性の遺伝子を導入した蚊の雄を放して、

＊**遺伝子ドライブ技術**…メンデル遺伝では、交配によって両親から染色体が1本ずつ子に伝わるので、改変した遺伝子をもつ個体が野外個体と交配した場合、改変遺伝子が子に伝わる確率は50％である。世代を重ねるたびに遺伝子が残る確率は50％ずつ減っていくため、結果的に改変遺伝子が集団中に広まることはない。一方、CRISPR/Cas9（クリスパー キャスナイン）に代表される手法を用いた遺伝子ドライブでは、（実験的には）改変遺伝子を100％近く子孫に残すことができる。

野外の蚊集団と置き換えます。近年のゲノム編集技術向上で、DNA配列の特定部位に外来遺伝子を挿入して新たな機能を加えたり、特定の遺伝子の機能を止めたりすることが自在にできるようになりました。また、通常のメンデル遺伝*よりも高効率に目的の遺伝子を発現させる「遺伝子ドライブ技術*」により、遺伝子が子孫に残るスピードが格段に早まりました。デング熱流行地では実地試験が行われ（図2－24）、マラリア媒介蚊を対象にした室内試験でも好成績を収めました。しかし、有用な遺伝子だけでなく有害な遺伝子も高率に遺伝する可能性があるため、十分な議論と検証が必要です。

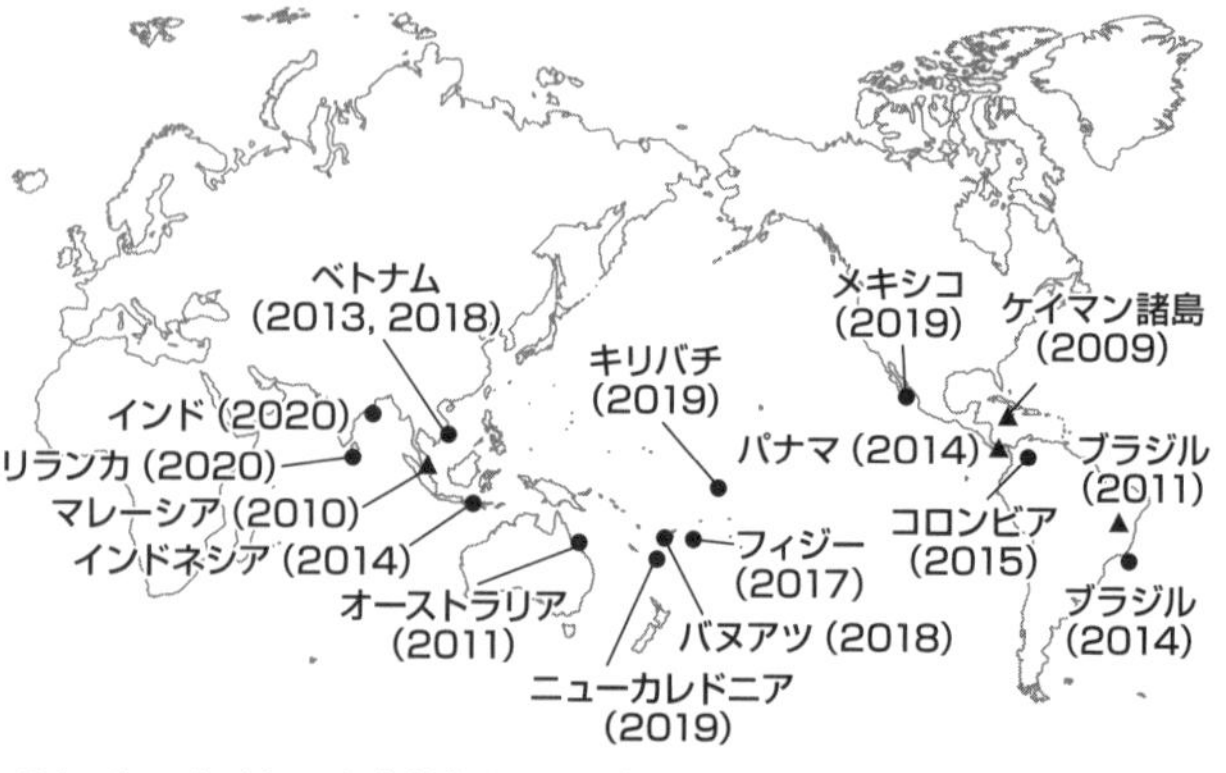

図 2-24：ネッタイシマカを対象としたボルバキア感染蚊（●）および遺伝子改変蚊の放飼試験（▲）が実施・計画された地域

致死性の遺伝子を組み換えた雄のGMM蚊（Genetically Modified Mosquitoes）を野外に放して集団を死滅させる試みは、2009年から2014年の間にイギリス領ケイマン諸島、ブラジル、パナマおよびマレーシアの４カ所で実際に行われた。インド、アメリカ・フロリダ州でも検討されたが、住民投票などで否決され実施されなかった。一方、ウイルスの増殖を阻害する共生細菌ボルバキアを導入した蚊を野外に放して集団を置き替える方法は、中米、南米、アジア、オセアニア地域の多くの国々で実施され、そのうちのいくつかの地域では著しく高い効果が得られたと報告された。

2-1 殺虫剤って何？ 忌避剤って何？

殺虫剤とは、その名の通り、虫を殺める薬です。ここで言う「虫」とは、食べ物に群がってくるハエや血を吸う蚊、衣類から発生するカツオブムシやイガ、穀物などから発生するコクゾウムシ、集団で室内に侵入するアリや刺されると危険なハチなど、人やその生活に害や不快感をおよぼす昆虫を指しています。殺虫剤は、これらの昆虫、いわゆる害虫に対して使用されますが、使用できる殺虫剤は、実は細かく決まっています。

害虫のなかでも、特に家庭の中に入ってくるハエや蚊、ゴキブリ、ノミ、トコジラミ、イエダニ、屋内塵性《おくないじんせい》ダニなどは、衛生害虫と呼ばれています。衛生害虫に対しては、厚生労働省により許可を受けた医薬部外品の殺虫剤しか使用することができません。この殺虫剤は人に対する安全性や衛生害虫に対する効力など、さまざまな実験（微量滴下《びりょうてきか》試験*1、残《ざん》渣《さ》接触《せっしょく》試験*2、円筒直撃《えんとうちょくげき》試験*3、薬液浸漬《やくえきしんし》法*4など）の結果により許可を受けていて、衛生害虫が媒介する疾病の感染を防ぐために使用します。

アリやハチ、毛虫、多足類《たそくるい》のムカデなどは疾病の媒介はしませんが、有毒の針で刺したり、咬んだり、有毒の毛でかぶれさせるなど、人に危害を加えることがあります。これらの害虫獣に対しては、生活害虫防除剤協議会などの自主基準に基づいて殺虫剤が登録されています。これらの殺虫剤も人に対する安全性などが正しく調べられているので、安心して使用することができます。

米や野菜などを餌とする昆虫などに対しては、農林水産省によって登録された農薬を使用して駆除します。このように、殺虫剤と言ってもいろいろな種類があり、それぞれ駆除する対象が決まっているので注意しなくてはなりません。

なお、蚊に刺されないようにするためには、「虫除け」が有効です。正式名称は「忌避剤」と言い、蚊やマダニ、アブ、ブユなどの吸血性の昆虫から守ってくれます。人のからだに直接使用する忌避剤は、厚生労働省の許可を受けたものであり、有効成分（ディートなど）の濃度などによって医薬品と医薬部外品に分けられています。

忌避剤にはエアゾールタイプのものとジェルタイプのものがあります。エアゾールタイプのものを首筋などの顔の近くにスプレーする時は、直接スプレーするのではなく、手のひらに一度スプレーした液を首筋につけるようにしましょう。

ただし、忌避剤を使用したからと言っても、長い時間効果が持続するわけではありません。汗をかいたり、洋服で擦れたりすることで効果は薄れるので、2～3時間おきに塗りなおすのが効果的です。また、靴下と皮膚の間、首の後ろなど、塗りムラがないように使用することも大切です。

＊1　**微量滴下試験**…供試虫の体表に原体の溶液などを一定量滴下して付着させ、一定時間後の薬量と致死率の関係から通常ＬＤ50値（経口または経皮毒性試験を行い、供試虫の半数が死亡する化学物質の量を指す）を求めて効力を判定する試験法。

＊2　**残渣接触試験**…濾紙などの表面に薬剤を処理して残渣面をつくり、ここに供試虫を接触させて残留効果を調べる試験法。

＊3　**円筒直撃試験**…ガラス円筒の中に薬液を噴霧し、供試虫に直接曝露させて効果を調べる試験法。

＊4　**液浸漬法**…供試薬剤の希釈液中に蚊類の幼虫を放ち、24時間後の致死数を観察する試験法。

2-2 蚊と闘う戦士たち

●日本ペストコントロール協会の活動

「ペスト」と言うと、多くの人は感染症のペストを思い浮かべると思います。しかし、この言葉には、感染症のペストから派生したであろう、伝染病、大災厄、害虫、厄介なもの、といった意味も含まれています。つまり、ペストコントロールとは、ペスト＝人に危害をおよぼす害虫獣、さらに細菌やウイルスなども含めた有害生物を、コントロール＝制御するということであり、その活動を推進するために1972年に設立されたのが(公社)日本ペストコントロール協会です。同協会の定款では、その活動目的を「ネズミ衛生害虫及び微生物を含む人体衛生上又は公衆衛生上の害を与える有害生物（以下、有害生物等）の予防及び駆除（以下、防除）や、感染症防疫に関する高度な専門的知識の修得と、技術の向上をはかり、わが国における有害生物等の防除及び感染症防疫事業の健全な発展をはかり、もって、わが国の環境衛生並びに公衆衛生の保全と感染症防疫活動を推進し、快適な生活環境の保持増進に寄与すること」としています。

蚊の豆知識

同協会は、近代のビル高層化、巨大化、大規模な住宅の開発、地下街の出現など、著しい社会環境の変革に伴い、ネズミ害虫の防除を専業とするいわゆるペストコントロールオペレーター（PCO）の意義と必要性を各方面に働きかけ、時代に沿ったペストコントロールの在り方を追求しつづけています。近年では、日本だけでなく、全世界で気候変動による自然災害の頻発、人・物の著しいグローバル化によって、新興感染症、再興感染症、外来生物侵入などの脅威に常にさらされているため、同協会を含めた、世界各国でも蚊と闘う戦士たちの役目が増加しています。

そのような時代変化を読み取り、急速に増大する社会需要に適応する体制を確立し、将来行政の外延的存在として環境衛生の向上、感染症予防対策の進展に寄与することを目的として活動しています。

世界各国の蚊と闘う戦士たち（WHO）

●日本ペストコントロール協会の蚊対策

そのようななか、2014年に70年ぶりとなるデング熱の国内感染事例が東京の代々木公園を中心に発生しました。デング熱は流行地域と患者数が世界中で拡大と増加の傾向にある疾病であり、患者の多い熱帯地域ではネッタイシマカが媒介しています。しかし、この国内感染事例ではヒトスジシマカによる媒介でした。この2014年だけでも、わが国では国内発症のデング熱患者が162名を記録しました。当時、同協会の都道府県協会である東京都ペストコントロール協会でも、代々木公園のほか、いくつかの公園などの施設で殺虫剤散布の対応に追われました。デング熱がわが国内で感染を広げる前はペストコントロール上の蚊対策と言えば、ビル内のチカイエカ対策のみと言っても過言ではありません。ビルにおけるチカイエカ対策は、湧水槽や汚水槽などの発生源対策、そこから発生した成虫対策という建物内の閉鎖的な場所での対応でした。

一方、ヒトスジシマカ対策は基本的に屋外での対応でしたが、同協会は過去にも同じく蚊が媒介するウエストナイルウイルスを想定した準備や、鳥インフルエンザなどの感染症などに対応できる準備、知識をもちあわせた組織であるため、その対応は容易でした。

一方、近年は豪雨をはじめとした自然災害が頻発し、各都道府県のペストコントロール協会が自治体などとの協定や要請に基づいて出動し、床下床上浸水後の消毒や災害廃棄物の殺虫消毒処理などを実施しています。また、2017年に国内侵入が初確認され社

蚊の豆知識

会問題になった特定外来生物のヒアリ[*1]について、同協会も国の調査の一部を請負実施し、現在も毎年各地での調査や防除を実施しています。さらに、2018年にCSF[*2]（豚熱：Classical swine fever）の国内発生が26年ぶりに確認されて以降、関東地方から沖縄県まで多くの地域でつづけざまに発生して社会問題となっています。CSFは人に感染はしないものの、食肉産業や供給などに多大な影響をおよぼすため、発生府県のペストコントロール協会を中心としながら地域を越えてペストコントロール協会メンバーが応援する体制をとり、懸命の防除作業が行われました。

＊1　ヒアリ…毒針をもつアリの仲間で特定外来生物に指定されている。人が毒針で刺されるとアナフィラキシーショックで重篤になることも知られている。近年、各地の港湾部やコンテナヤードなどで散発的に発見されている。

＊2　CSF…豚熱（旧称：豚コレラ）。家畜伝染病のひとつ。豚に対して強い感染性があり、ペストコントロール協会では主に発生農場に出入りする車両消毒を中心に、発生後一定期間24時間体制で対応している。

第3章

蚊が運ぶ感染症

3-1 蚊が運ぶ感染症①

デング熱

▼デング熱はどんな病気？

デング熱はデングウイルスが感染することで発症する、急性の発熱性の病気です。しかし、症状はインフルエンザやほかの急性ウイルス感染症と似たものが多く、検査によってデングウイルスの遺伝子やタンパク質、感染が治った後にからだに出てくる抗体を調べないと正確に診断することはできません。ふつうはウイルスをもった蚊に刺されて3～7日後に高熱が出て、頭痛がしたり、目の奥に痛みを感じたり、関節や筋肉が痛くなったりします。そして皮膚の発疹も特徴的です（図3－1）。

しかし、感染した人の全てにこのような症状が出るわけではありません。症状を示すのは感染した人の4人に1人で、3人は無症状のままの不顕性感染者です。軽症の人が多く、ほとんどの人

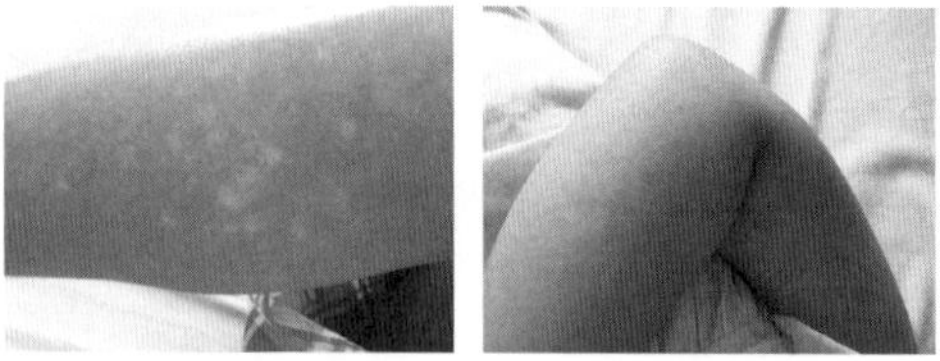

後期　初期

図3-1：デング熱の発疹

デング熱で見られる発疹は感染後期（左）では発疹部分が広がり正常部が白い島状に見えるのが特徴。

は1週間ほどで完治しますが、一部の人では重症化します。重症型のデング熱になると、古くはデング出血熱と言われたように、血管の透過性が強まって毛細血管から血漿《けっしょう》が急速に漏出し、胸水《きょうすい》・腹水《ふくすい》、浮腫《ふしゅ》などの症状が現れます。適切に治療されないとショックを起こして、命にかかわる状態になるため注意が必要です。

デング熱は熱帯地域全域で毎年流行が発生しています。**図3-2**にデング熱流行地域を示していますが、そのことがよく分かると思います。毎年、3億9000万人ほどの人が感染していると見積もられており、9000万人の患者が発生しています。熱帯地域の蚊が媒介するウイルス感染症のなかで、最も重要なものと言えるでしょう。

デングウイルスを運ぶ蚊（媒介蚊）は2種います。ひとつはネッタイシマカ、もうひとつはヒト

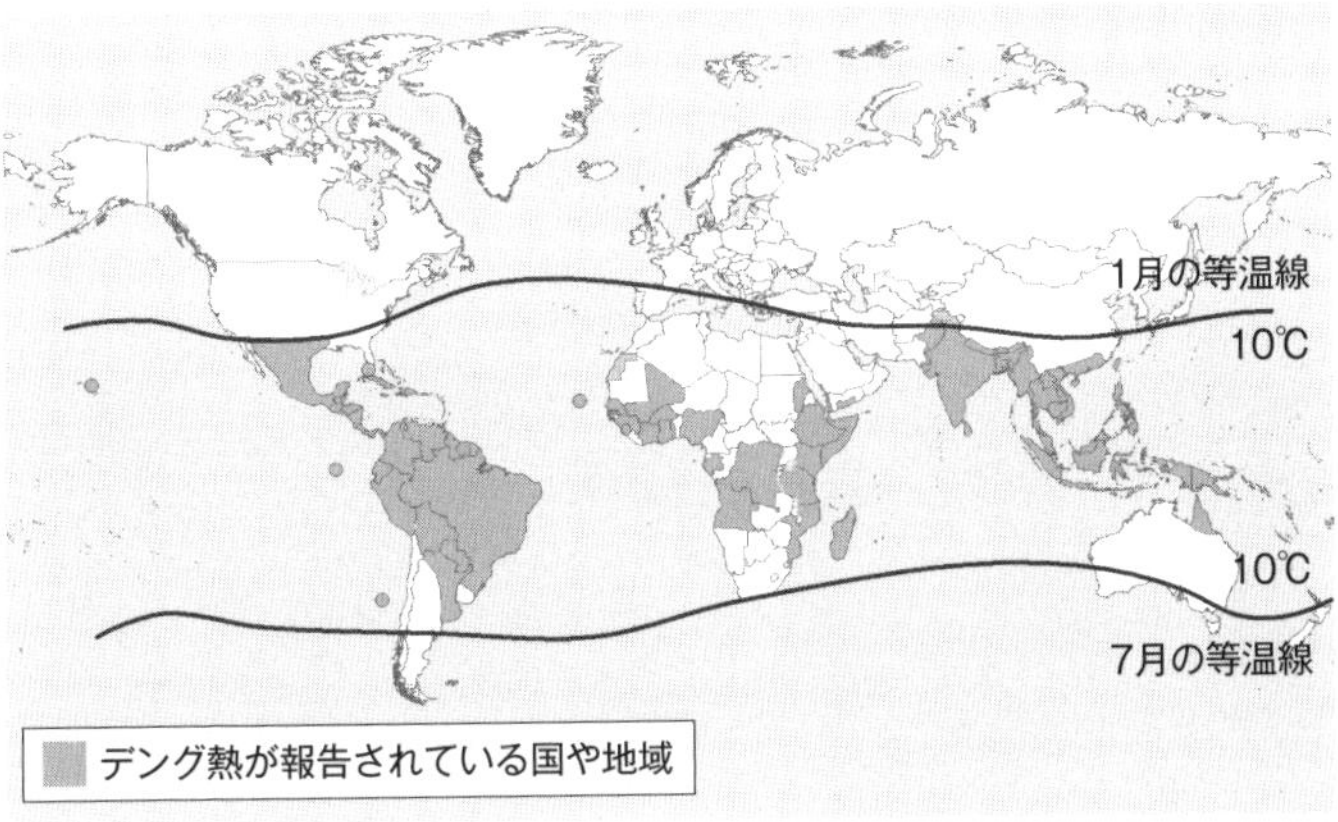

図3-2：デング熱流行地域（WHO）
デング熱はアジア、アフリカ、中南米、カリブ海島嶼国、南太平洋島嶼国の全ての熱帯地域で流行している。

スジシマカというヤブカの仲間です（図3－3）。

ネッタシマカはその名の通り、アジア、アフリカ、中南米などの熱帯地域に広く生息している蚊です。そして、この蚊が生息している地域には、まず例外なくデング熱が流行しています。もともとはアフリカ起源の蚊なのですが、人類の移動とともに世界に広がったと思われます。というのも、この蚊は人の血が大好きで、人が住むところならどこでも、水たまりを見つけて繁殖してしまいます。

もうひとつのヒトスジシマカは、熱帯地域に加えて温帯地域にも広く生息しています。それはこの蚊が冬を越す（卵の状態で越冬する）能力をもっているからです。幸いなことに、卵にウイルスが入り込む効率が悪いので、温帯地域ではデング熱の流行がつづくことはありませんが、夏にウイルスが温帯地域に侵入するとヒトスジシマカがデング熱の流行を起こす主役となってしまいます。２０１４年に東京の代々木公園を中心としてデング熱の流行が発生しましたが、まさにヒト

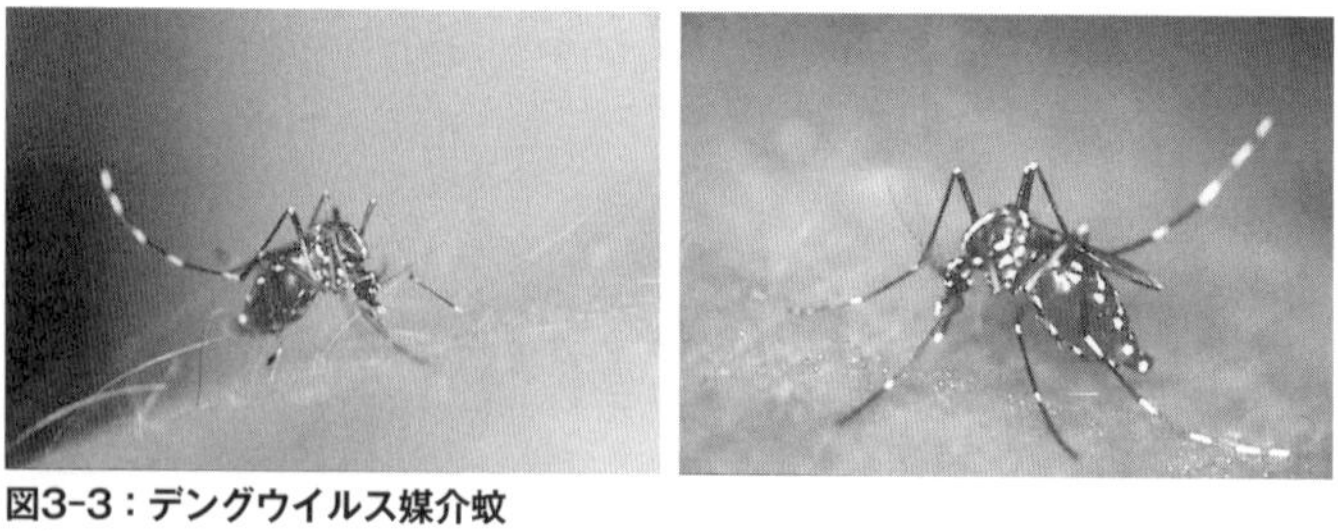

図3-3：デングウイルス媒介蚊

左）ネッタイシマカ、右）ヒトスジシマカ。ヒトスジシマカは胸部の背中にある１本の白い縦線が特徴。ネッタシマカはこの縦線の両脇にアークサインと呼ぶ曲線がある。

スジシマカがウイルスの媒介者でした。その当時、代々木公園で実施された蚊防除策などは第2章74頁「蚊から自分を守る、蚊からみんなを守る」を参照してください。

▼デング熱の予防と治療

デング熱の予防は何といっても、蚊に刺されないこと。熱帯地域を旅行する人、仕事で赴任する方々は本書に書かれている刺されない方法をよく学び、病気にならないように気をつけましょう。残念ながら治療薬はまだありません。ワクチンの開発は進んでいますが、旅行者が接種できるワクチンはまだありません。

もし、熱帯地方でデング熱に感染してしまったら、まず現地の病院で正しい診断を受けましょう。デング熱では、イムノクロマト法*という簡便な診断法も実用化されています。感染したことが確定した場合には、安静にして水分を十分に摂り、医師の指示に従って重症化のサインを見逃さないように注意してください。重症化サインが確認され、重症型のデング熱と診断されたら入院による治療が必要です。抗ウイルス薬はありませんが、

***イムノクロマト法**…抗原抗体反応などを利用した迅速検査の手法のひとつ。インフルエンザの診断や妊娠検査薬に応用されている。

体液管理による対症療法で死亡率を下げることが可能ですので、くれぐれも自分で判断せず専門医に相談することが必要です。

デングウイルスには4つの血清型（1型、2型、3型、4型）があるため（**図3－4**）、流行地域ではしばしば、1人の人が2回以上デング熱に感染することになります。長期、滞在する人は注意してください。また、熱に対して、サリチル酸系の解熱薬を使用すると、出血とアシドーシス＊を助長するので止めましょう。

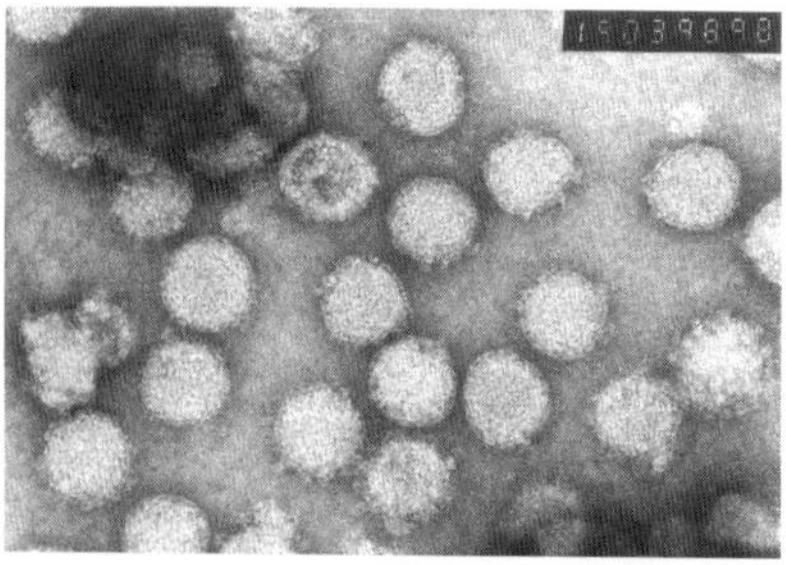

図3-4：デングウイルス3型の電子顕微鏡写真
デングウイルスはRNAを遺伝子としてもつウイルスで直径約50nm（1nmは1mmの百万分の1）でゴルフボールのような球形をしている。ふつうの顕微鏡では見えないが、電子顕微鏡でその形を観察することができる。

＊**アシドーシス**…血液中の酸・二酸化炭素が過剰になり、呼吸器などに異常をきたす。

3-2

蚊が運ぶ感染症②　マラリア

▼マラリアの病原体と感染経路

マラリアは、病原体であるマラリア原虫が、ハマダラカの刺咬《しこう》・吸血で伝搬され、人に感染して発症する病気です。人を固有の中間宿主とするマラリア原虫には、熱帯熱マラリア原虫、三日熱マラリア原虫、四日熱マラリア原虫、卵形マラリア原虫の4種があります。それぞれの病原体によって、人が感染した時の病態や予後が異なります。熱帯熱マラリアは「悪性マラリア」とも呼ばれ、免疫をもたない日本人が感染して治療が施されなければ、患者はほぼ100％死に至ります。

しかし、このマラリアの病原体および感染経路は、医学の歴史のなかで長らく不明でした。古代ギリシャの医学者ヒポクラテス（紀元前460～375年頃）は、すでにマラリアの病態を認識して記載していますが、その病因を「森の中でよどんだ空気を吸ったり、汚い水を飲んだりするとかかる病気」と考えました。そして、この病気を〝malaria=mal（悪い）＋aria（空気）〟と呼んだのです。このヒポクラテスの「瘴《しょう》気《き》説」が、その後ヨーロッパで2000年近くも信じられてきました。

マラリア研究の新たな幕が開いたのは、19世紀後半のことです。1880年にフランスの軍医であるアルフォンス・ラベラン（1845〜1922年）が、病原体のマラリア原虫（**図3－5**）を発見し、1897年にはイギリスの熱帯医学研究者であるロナルド・ロス（1857〜1932年）が、ハマダラカ（**図3－6**）がマラリア原虫を媒介することを解明しました。これによってマラリアの病態の解明、診断法や薬剤の開発、流行対策が進むこととなりました。

▼マラリア原虫の生活史

マラリア原虫の生活史を説明します（**図3－7**）。ハマダラカの吸血時に、蚊の唾液腺からマラリア原虫（スポロゾイト）

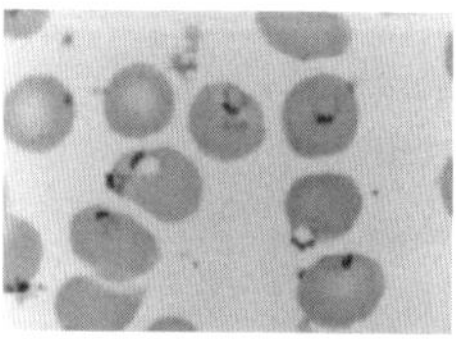

図3-5：赤血球に寄生したマラリア原虫

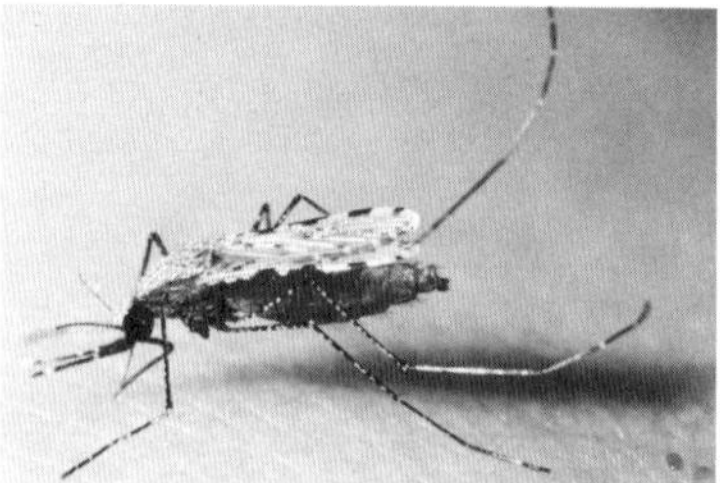

図3-6：マラリア原虫を媒介するハマダラカ

が人の血液中に侵入し、肝細胞へと移動して分裂・増殖を行って「分裂体（シゾント）」になります（肝内ステージ）。

三日熱マラリア原虫と卵形マラリア原虫では、肝細胞内に入って分裂・増殖を一定期間停止する「休眠体（ヒプノゾイト）」も形成されます。シゾントとヒプノゾイトは、人に症状を生じさせません。すなわちマラリアの潜伏期のほとんどの時期は、この肝内ステージに一致します。熱帯熱マラリアの潜伏期はおよそ1週間〜1カ月、三日熱マラリアでは数カ月〜1年あまりにおよぶ場合もあります。肝内のヒプノゾイトがそれぞれ時期をずらして分裂を開始すると、そのたびに患者は「再

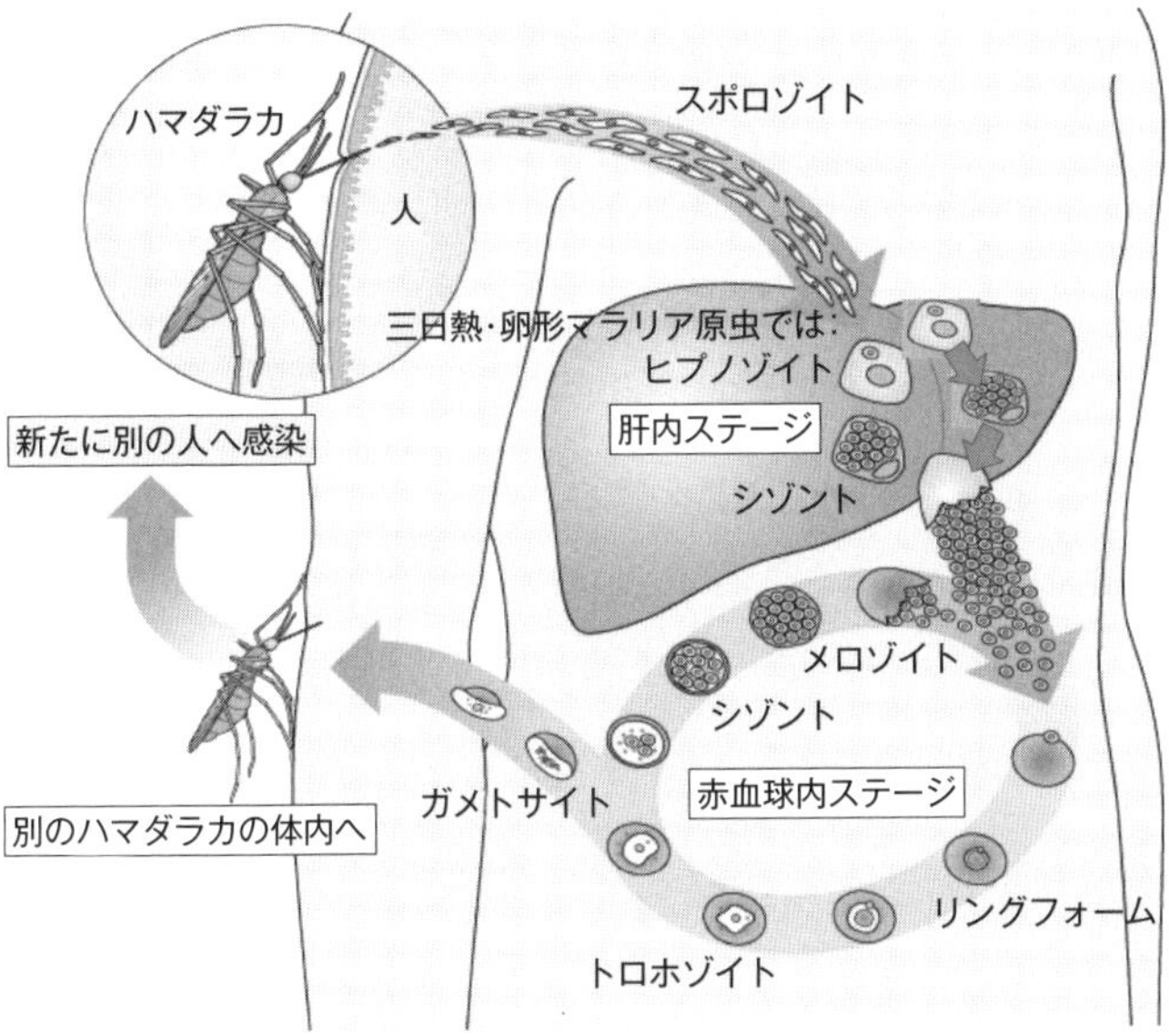

図3-7：マラリア原虫の生活史

発」することになります。ちなみに、熱帯熱マラリア原虫、四日熱マラリア原虫はヒプノゾイトを形成しませんので、再発はしません。

肝内で1万個を超える「分裂小体（メロゾイト）」を包蔵《ほうぞう》するまで増殖したシゾントは、肝細胞を破って血中にメロゾイトを放出します。このメロゾイトが赤血球に侵入して、今度は赤血球内ステージで分裂・増殖を繰り返し、人はマラリアの症状を呈することになります。この赤血球内の増殖周期が患者の発熱の周期性と一致することが観察されます。

赤血球内ステージの一部の原虫は雌雄の「生殖母体（ガメトサイト）」に分化し、ともに蚊に吸血されれば蚊の中腸内で接合し、中腸壁でオーシストになり、分裂・増殖してスポロゾイトを形成することができます。スポロゾイトが唾液腺に移行できれば、改めて人に感染する準備が整います。

以上のように、マラリア原虫は人とハマダラカの間を行ったり来たりしながら、複雑な生活史を生き抜いています。最近の研究によれば、マラリア原虫は人がサルから進化した頃からすでに寄生していたようです。となると、500~700万年もの気の遠くなるような長い間、マラリア原虫はこの生活史を絶えることなく営んでいることになります。

▼マラリアの流行状況と対策

マラリアは、世界で年間およそ2億2900万人が罹患し、死亡者数は40万9000人と報告されていますが、患者および、死亡者の94%はサハラ以南のアフリカ地域で発生しています。そして、死亡者の内の67%は5歳未満の子どもであることを特記しなければなりません。一方、わが国では、マラリアは感染症法*で全数届出が義務づけられている四類感染症*に指定されています。日本国内の輸入マラリア（海外で感染して国内で発症するマラリア）の患者数は、近年は年間50〜60例前後です。

近年、サルを宿主とするサルマラリア原虫の一種（*Plasmodium knowlesi*）が、東南アジアの広い地域で人に感染していることが報告され、わが国への輸入例も報告されています。*P. knowlesi* は霊長類《れいちょうるい》のマラリア原虫のなかで、唯一赤血球内での増殖周期が24時間と速く、診断が遅れると患者が死亡することもあるので注意が必要です。

さらに、薬剤耐性マラリアの出現と拡散が、世界のマラリア対策を困難にしています。特に東南アジアに流れるメコン川流域国に、抗マラリア薬であるクロロキン、スルファドキシン／ピリメタミン合剤、メフロキンの

＊**感染症法**…感染症の予防および感染症の患者に対する医療に関する法律。

＊**四類感染症**…感染症法の分類のひとつで、動物などを介して人に感染し、健康に影響を与える恐れがある感染症。E型肝炎、A型肝炎、黄熱、狂犬病なども含まれる。

多剤耐性、そして、ついにアルテミシニン耐性のマラリアが出現し、世界に広く拡散しています。

ハマダラカの殺虫剤抵抗性の獲得も問題となってきています。殺虫成分ピレスロイドが含浸された蚊帳（**図3－8**）の効果が低くなり、ピペロニルブトキシド（ＰＢＯ）などの新しい殺虫剤が浸み込んだ蚊帳の普及が望まれています。

ＷＨＯは、「マラリア世界技術戦略２０１６－２０３０*」で、マイルストンとターゲットを決めて明確なゴールを示しています。すなわち、「２０１５年と比較した世界のマラリア患者数と死亡率」を２０２０年までに少なくとも40％、２０２５年までに少なくとも75％、２０３０年までに少なくとも90％減らすこと。さらには、２０１５年にマラリアが伝播していた国々から、２０２０年までに少なくとも10カ国、２０２５年までに少なくとも20カ国、２０３０年までに少なくとも35カ国でマラリアを排除するゴールを定めました。世界のあらゆるステークホルダーは、連帯してこの目標に向かって対策を進めています。

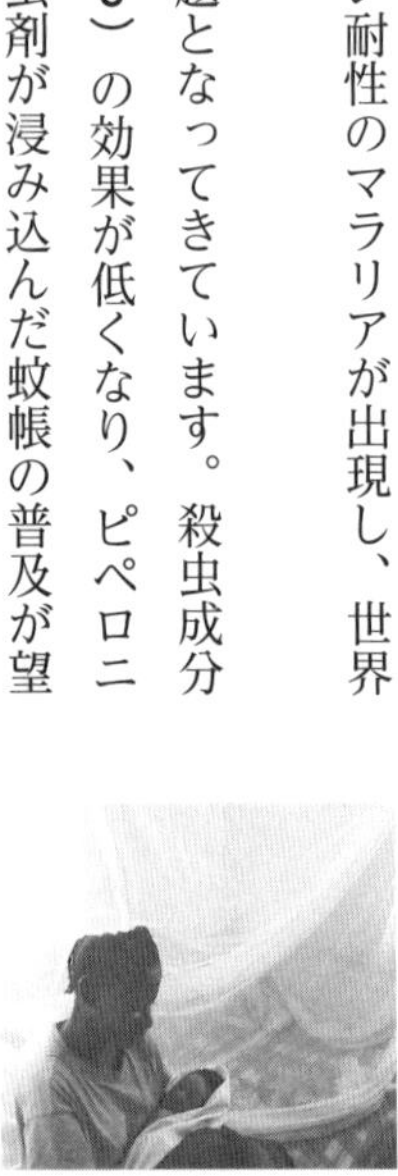
図3-8：蚊帳

***マラリア世界技術戦略２０１６-２０３０：**２０１５年5月に採択された戦略。２０３０年に向けた目標が設定されており、マラリアの発生率と死亡率を少なくとも90％低下させ、少なくとも35カ国でマラリアを撲滅させ、マラリアのない全ての国でマラリアの再侵入を防ぐことなどが記されている。

▼世界モスキートデー

イギリス・ロンドン大学衛生熱帯医学校（London School of Hygiene & Tropical Medicine：ＬＳＨＴＭ）の医学者であったロナルド・ロスが、１８９７年８月20日にハマダラカの中腸にマラリア原虫を発見したことを記念し、毎年８月20日は蚊の記念日、「世界モスキートデー（World Mosquito Day)」と呼ばれています。

病気の存在が記載されてから２０００年余りにわたりマラリアの感染経路は不明でしたが、この発見によって、蚊の吸血時にマラリア原虫が刺入されて感染することが、ついに明らかにされたのです。ロナルド・ロスは、この研究成果によって、１９０２年にイギリス人初のノーベル生理学・医学賞を受賞し（図３－９）、１９１１年にはナイトに叙勲されました。

ＬＳＨＴＭをはじめ、ＷＨＯやＣＤＣ（アメリカ疾病予防管理センター）も、毎年、世界モスキートデーを記念して、さまざまなアドボカシー活動（講演会やセミナーの開催、疾病対策キャンペーン活動、特別な啓蒙ホームページの作成、さらには記念パーティー開催など）を、世界中で行っています。

近年では、この世界モスキートデーは、マラリアばかりでなく、デング熱（ヒトスジシマカで媒介）やリンパ系フィラリア症（イエカやヤブカで媒介）など、蚊が媒介するあらゆる感染症の対策強化のための記念日として利用されるようになっています（図3－10）。

図3-9：ロナルド・ロスのノーベル賞メダル
（LSHTMで撮影）

図3-10：子どもへの教材に作成した絵

3-3

蚊が運ぶ感染症③

人のフィラリア症

イギリスの熱帯医学研究者であるロナルド・ロスは、ハマダラカがマラリア原虫を媒介することを突き止めました（詳しくは、本章125頁「蚊が運ぶ感染症②マラリア」参照）。このきっかけをつくったのが、彼の師であるパトリック・マンソンです。マンソンは、中国でフィラリア症が蚊によって運ばれていることを発見し、蚊が病気を運ぶ役割を担っていることを最初に証明しました。1899年にロンドン大学衛生熱帯医学校（London School of Hygiene and Tropical Medicine：LSHTM）を設立し、熱帯病学の祖と呼ばれています。LSHTMの玄関の上には、金色の2匹の蚊がいます。右にハマダラカ、左にイエカです（**図3-11**）。

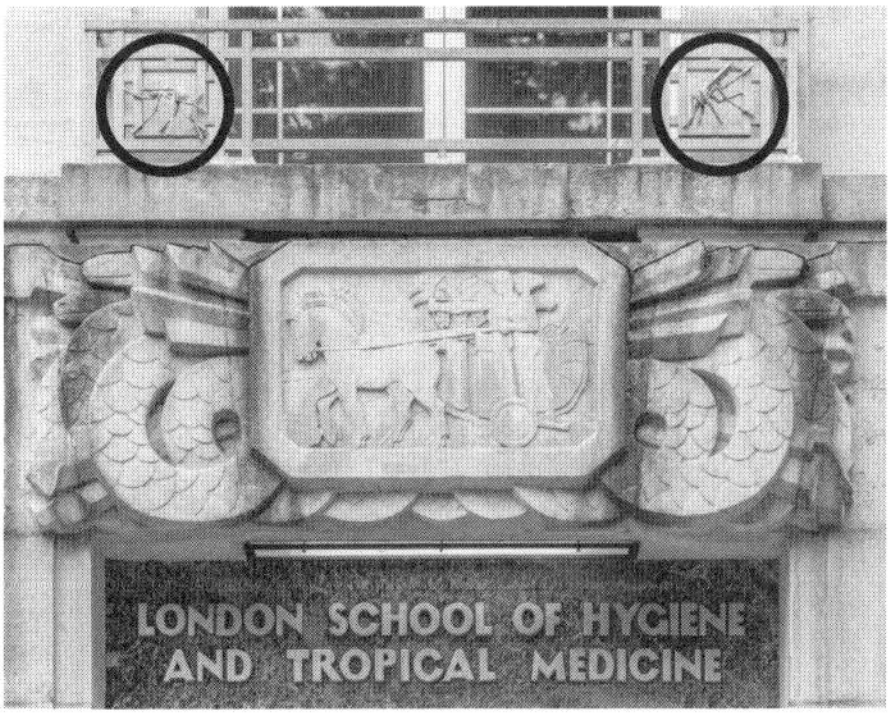

図3-11：LSHTMの玄関の金色の蚊
丸で囲んでいるのがハマダラカ（右）とイエカ（左）。

▼**症状と発生地域**

人のフィラリア症、またはリンパ系フィラリア症（Lymphatic Filariasis：LF）は、顧みられない熱帯病（主に熱帯地域の貧困層を苦しめる寄生虫病や細菌症、ウイルス感染症など）のひとつです。この病気は人のリンパに住む糸状虫（フィラリア）という寄生虫によって引き起こされる病気で、リンパ浮腫や、その症状が進行して肢体の肥大と皮膚の肥厚が顕著になった象皮病（**図3－12**）、陰囊水腫などの生殖器疾患、乳《にゅう》び尿《にょう》と呼ばれる症状の原因になります。

２０００年に世界規模の対策が始まる前のデータでは、世界中で推定1億２０００万人が感染しており、このうち、１５００万人が象皮病を含むリンパ浮腫に、２５００万人が陰囊水腫に代表される泌尿生殖器の腫大を抱えていると推定されています。

リンパ系フィラリア症の分布は、東南～南アジア、アフリカ、中南米、太平洋諸国などの熱帯・亜熱帯地域です。かつては日本にも蔓延しており、平安時代の絵巻物や江戸時代の葛飾北斎《かつしかほくさい》の漫画絵に象皮病や陰囊水腫をわ

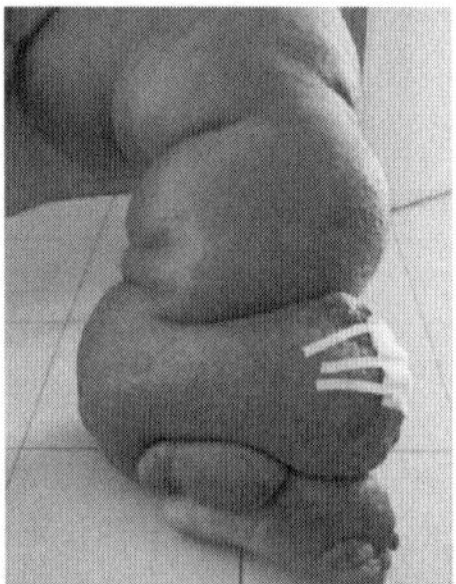

図3-12：象皮病（1999年・キリバス）

ずらっている姿の絵が残っています。さらに、西郷隆盛《さいごうたかもり》もこの病に罹患していたことが知られています。しかし、１９６０年代から70年代にかけて公衆衛生対策を行い、世界に先駆けてこの病気を根絶しています。宮古島のフィラリア制圧の碑には、「科学と行政を信じて住民が闘った」と記されています（図3-13）。

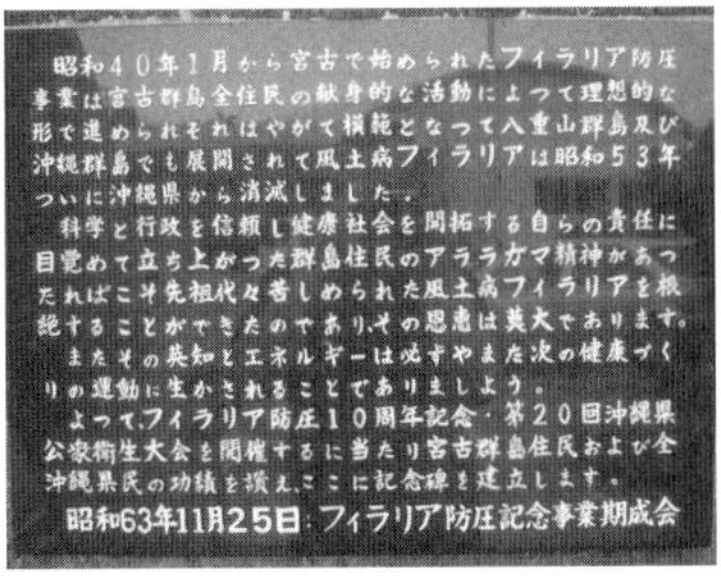

図3-13：フィラリア制圧の碑（宮古島）

▼原因となる寄生虫は３種類

リンパ系フィラリア症の原因になる寄生虫はフィラリアまたは糸状虫と呼ばれる3種類です。アフリカ、アジア、太平洋、南アメリカなど世界の熱帯・亜熱帯のほとんどの地域には、バンクロフト糸状虫（*Wuchereria bancrofti*）、南東アジア地域の一部には、マレー糸状虫（*Brugia malayi*）、東チモールやインドネシアの一部には、チモール糸状虫（*Brugia timori*）が知られています。

また、媒介する蚊の種類は世界で4属１００種類以上が知られていて、地域、場所ごとに媒介する蚊の種類が異なります。バンクロフト糸状虫の伝搬には、主にイエカ属、ヤブカ属、ハマダラカ属、ヌマカ属がかかわり、マレー糸状虫は主にヌマカ属が媒介しています。バンクロフト糸状虫の場合、宿主は人以外は特定されておらず、糸状虫は蚊と人の中だけで生存しています。

▼感染経路と対策

人に感染した糸状虫は、成虫がリンパ組織に寄生してリンパ管を閉塞したり、破壊したりします。その結果、リンパ浮腫や象皮病、陰嚢水腫といった種々の症状を引き起こします。成虫は、ミクロフィラリアと呼ばれる仔《し》虫《ちゅう》を産出し、ミクロフィラリアは血中を循環します。ミクロフィラリアは、感染者から蚊が吸血した際に取り込まれ、蚊の体内で感染幼虫となります。そして、蚊が人を吸血した際に再び人の体内へと侵入します（図3－14）。

発症した病態に対する治療薬はなく、病気を予防するワクチンも存在していません。症状を悪化させないために、患部を洗い、清潔に保つことが必要です（図3－15）。公衆衛生対策としては、伝搬阻止をするための集団薬剤投与（Mass Drug Administration：MDA）を行っています。その薬として、抗ミクロフィラリア剤として効果のあるジエチルカルバマジ

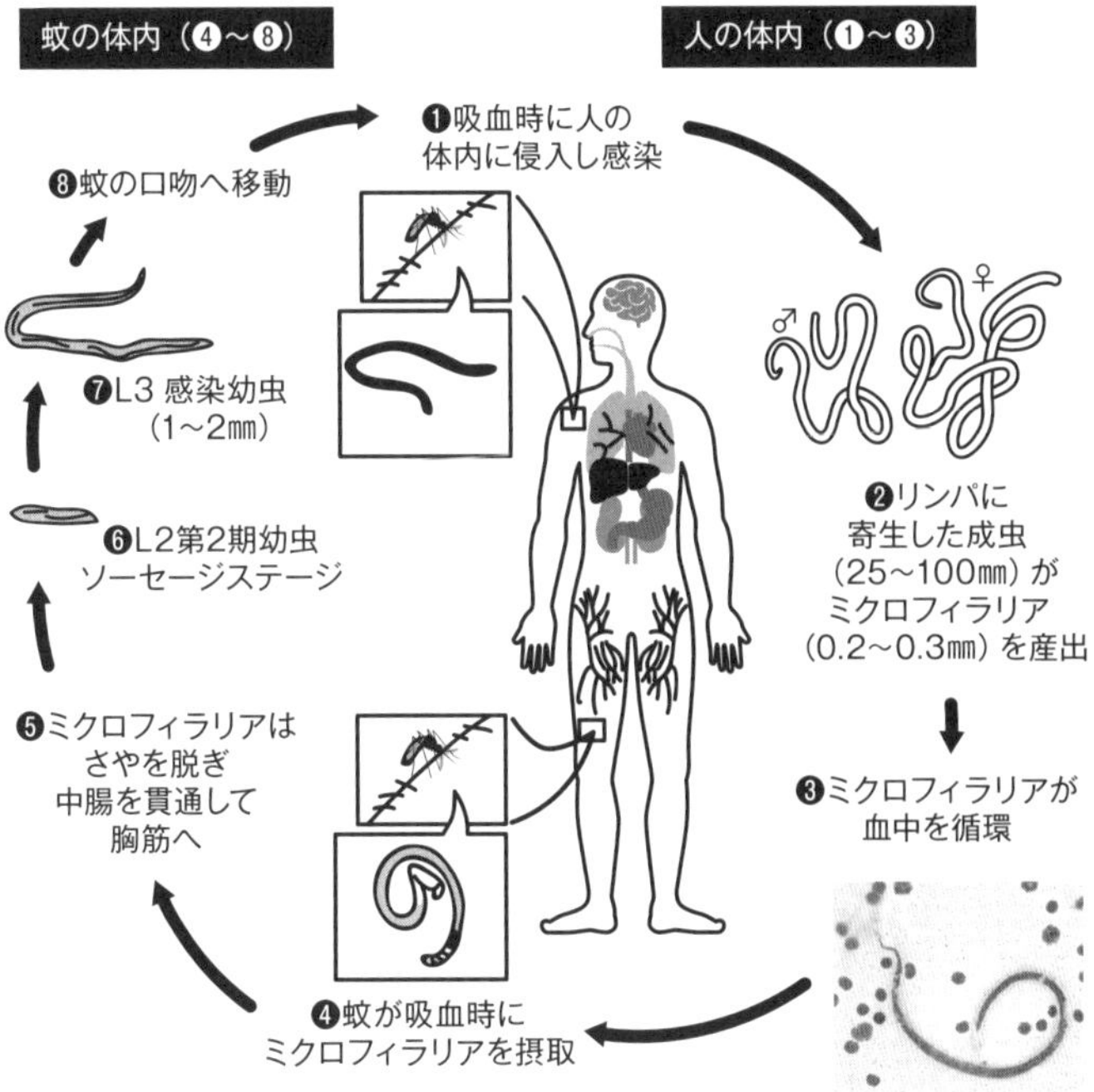
蚊の体内（❹～❽）
人の体内（❶～❸）
❶吸血時に人の
体内に侵入し感染
❽蚊の口吻へ移動
❼L3 感染幼虫
（1～2㎜）
❻L2第2期幼虫
ソーセージステージ
❺ミクロフィラリアは
さやを脱ぎ
中腸を貫通して
胸筋へ
❷リンパに
寄生した成虫
（25～100㎜）が
ミクロフィラリア
（0.2～0.3㎜）を産出
❸ミクロフィラリアが
血中を循環
❹蚊が吸血時に
ミクロフィラリアを摂取

図3-14：リンパ系フィラリアの生活史と感染経路

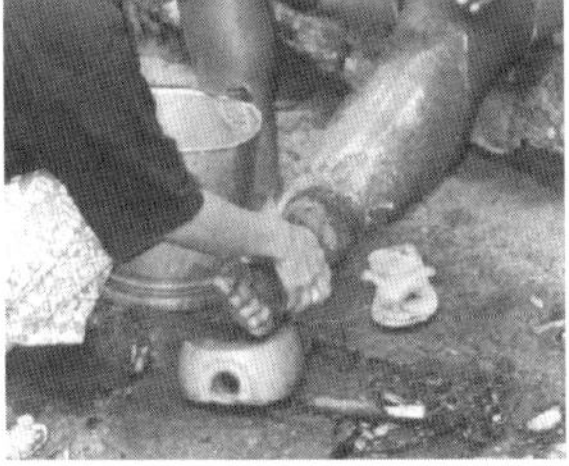

図3-15：象皮病の足を洗う

ン（Diethylcarbamazine：ＤＥＣ）アルベンダゾールやイベルメクチンが使用されています。

▼世界リンパ系フィラリア症制圧計画（ＧＰＥＬＦ）

ここからは、フィラリア症の根絶を目指して、ＷＨＯ主導のもとに進められている「世界リンパ系フィラリア症制圧計画（Global Programme to Eliminate Lymphatic Filariasis：ＧＰＥＬＦ）」を紹介します。

■ＧＰＥＬＦのビジョンと戦略：２０００年に世界保健総会の決議に応じて開始されたＧＰＥＬＦは、リンパ系フィラリア症を公衆衛生上の課題として捉え、制圧することを目指すグローバルプログラムです。

ＧＰＥＬＦでは、左記のふたつを主戦略としています。

(1) 全ての国の蔓延地域で、必要とする全ての人々に駆虫薬の集団投与（ＭＤＡ）を提供し、リンパ系フィラリア症の伝播を阻止すること。

(2) 全ての国の蔓延地域で、必要とする全ての人々に、疾病管理・障害予防（Morbidity management and disability prevention：Ｍ

MDP）のための最低限のケアへのアクセスを提供すること。

全ての蔓延国の国家フィラリア症制圧プログラムでは、これらMDAとMMDPを進めています。最終的に国レベルおよび全世界レベルで伝播制圧を証明できるよう、**図3‐16**に示すような枠組みを構築し、活動実施およびモニタリング評価に関するガイドラインとマニュアルを提供しています。

MDAの狙いは、①感染している人の血中ミクロフィラリアの数を、蚊の媒介によって新たな人に伝播されないレベルまで下げること、②蔓延地域全体のミクロフィラリア感染率を、媒介蚊が存在していたとしても伝播を維持できないレベルまで下げること、です。MDAは年に1回、最低5年間つづけます。これはフィラリア成虫のミクロフィラリア生産期間と考えられている年数だからです。その間に産み出されるミクロフィラリアを叩きつづければ新たな感染を止めることができます。

リンパ系フィラリア症の伝播阻止にあたってはMDAは必須ですが、特定の地域、たとえば、MDAのみによる制圧が困難であることが予想され

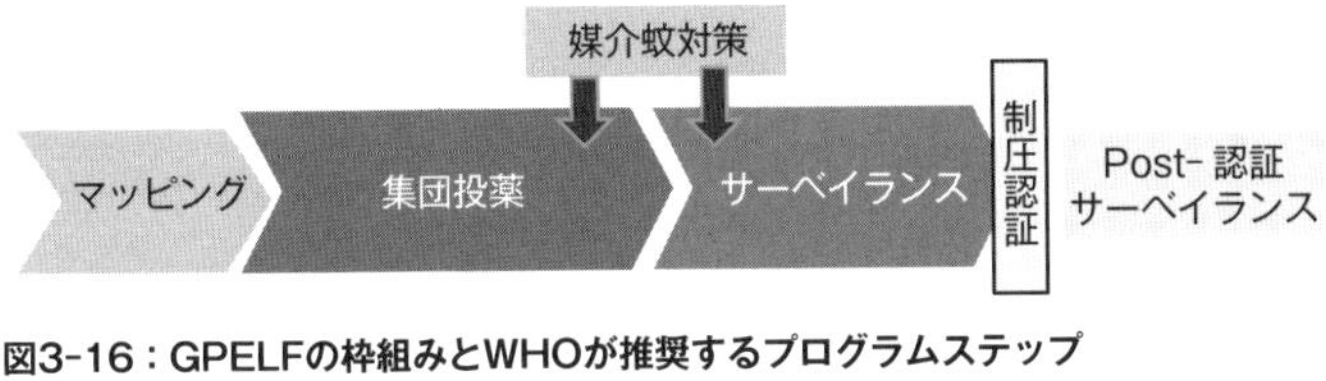

図3-16：GPELFの枠組みとWHOが推奨するプログラムステップ

る地域、もしくは感染率が非常に高い地域、あるいはＭＤＡが終了し、伝播の再興を防ぐ段階に入った地域などでは、蚊の対策がＭＤＡによる効果を補足する重要な役割を果たすと考えられています。

■成果：２０２０年時点、これまでに72のフィラリア蔓延国中、17カ国（マラウイ、トーゴ、エジプト、イエメン、モルディブ、スリランカ、タイ、カンボジア、クック諸島、キリバス、マーシャル諸島、ニウエ、パラオ、トンガ、バヌアツ、ベトナム、ワリス・フツナ）がフィラリア症の制圧*を達成しました。

しかし、まだ闘いはつづきます。ＷＨＯなどでは、蚊の対策を含めた新たな取り組み方が計画されています。それによって、２０３０年までに世界の蔓延国の80％で制圧を達成すること、残りの全ての国で集団投与が終了し、サーベイランスに移行することを目指しています。

▼ＰａｃＥＬＦと太平洋の蚊

「ＰａｃＥＬＦ(Pacific Pregramme to Eliminate Lymphatic Filariasis)」

＊制圧とは、公衆衛生上の問題ではないレベルに達すること。すなわち、集団において、感染者数が次の感染を引き起こさないレベルまで減少し、そのレベルを5年間維持すること。

は、太平洋地区22カ国・地域のリンパ系フィラリア症制圧計画です（**図3-17**）。太平洋に点在する島国はどれも小国で、病気の制圧を一国の力だけで達成するのは困難であるため、各国で協力することで、リンパ系フィラリア症を太平洋からなくしてしまおうということで始まりました。ＰａｃＥＬＦは「世界リンパ系フィラリア症制圧計画（ＧＰＥＬＦ）」の一部ですが、１年先駆けて１９９９年にスタートしており、その対策方針は、ＭＤＡ（年1回、最低5年）と媒介蚊対策です。

地球の表面積の3分の1を占める太平洋に点在する島々は、ミクロネシア、メラネシア、そしてポリネシアと呼ばれる地域に分類されます。この3つの地域では人種、文化、言語などが異なります。フィラリアのタイプや媒介する蚊の種類もまた異なっています。蚊対策の方針も当然、地域や島ごとに考える必要があります。

キリバスやパラオなどのミクロネシアは、ミクロフィラリアが夜、血液中に出現する夜間周期性です。そして、媒介する蚊はネッタイイエカで、夜に吸血に来ます。メラネシアに含まれるパプアニューギニアやバヌアツもミクロフィラリアは夜型です。しかし媒介する蚊はここではハマダラカ

図3-17：PacELFのロゴ

属です。ハマダラカは、太平洋地区ではパプアニューギニア、ソロモン諸島、バヌアツなどのメラネシア地域にだけ住んでいて、そこではマラリアとフィラリア症のふたつの病気を運んでいます。

一方、サモアやトンガなどのポリネシアでは、ミクロフィラリアの出現は亜周期性の昼型です。世界中のほとんどの場所では、ミクロフィラリアは夜に血中に出てきますが、唯一ポリネシア地区だけは昼間に血中に出てきます。そして、ポリネシアヤブカ（*Aedes polynesiensis*）など、昼間吸血性のヤブカ属の蚊によって媒介されます（図3－18、表3－1）。ポリネシアには、ボウフラが海岸のカニの穴に棲んでいたり、ココナツの殻やタロイモ、パンダヌスなどの葉っぱと茎の間（葉腋）の少量の水に棲んでいたり（図3－19）、島国の環境にしっかりと馴染んでいる固有種がいます。

ＰａｃＥＬＦはそれぞれの国の政治や人々の生活、文化、環境の違い、そして、蚊の生物学などのサイエンスを理解して、その上で、太平洋地区の共通の課題を把握し、「人類とフィラリアの闘い」という観点から立ち上がったプロジェクトです。ＰａｃＥＬＦに参加した国

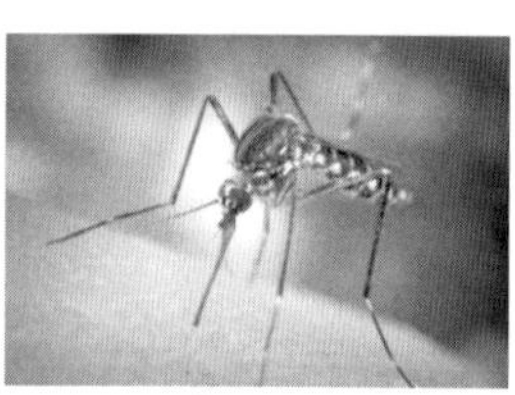

図3-18：ポリネシアヤブカ（*Aedes polynesiensis*）
写真：G.McCormack

図3-19：パンダヌスからボウフラを採集する様子

地域	国・地域	*W.bancrofti* の周期性	媒介する蚊
ポリネシア	アメリカ領サモア	亜周期性（昼型）	*Aedes polynesiensis, Aedes. oceanicus, Aedes. samoanus, Aedes. tutuilae*
	クック諸島	亜周期性（昼型）	*Aedes polynesiensis*
	フランス領ポリネシア	亜周期性（昼型）	*Aedes polynesiensis*
	ニウエ	亜周期性（昼型）	*Aedes cooki*
	サモア	亜周期性（昼型）	*Aedes polynesiensis, Aedes upolensis, Aedes samoanus, Aedes tutuilae*
	トンガ	亜周期性（昼型）	*Aedes tongae, Aedes tabu, Aedes oceanicus*
	ツバル	亜周期性（昼型）	*Aedes polynesiensis*
	ウォリス・フツナ	亜周期性（昼型）	*Aedes polynesiensis*
ミクロネシア	キリバス	夜間周期性（夜型）	*Culex quinquefasciatus*
	マーシャル諸島	夜間周期性（夜型）	*Culex quinquefasciatus*
	ミクロネシア連邦	夜間周期性（夜型）	*Culex quinquefasciatus*
	パラオ	夜間周期性（夜型）	*Culex quinquefasciatus*
メラネシア	フィジー	亜周期性（昼型）	*Aedes pseudoscutellaris, Aedes. horrescens, Aedes. rotumae, Aedes. fijiensis, A. polynesiensis*
	ニューカレドニア	亜周期性（昼型）	*Aedes vigilax*
	パプアニューギニア	夜間周期性（夜型）	*Anopheles punctulatus, Culex quinquefasciatus, Anopheles ferauti, Anopheles koliensis, Mansonia uniformis, Ochlerotatus kochi*
	バヌアツ	夜間周期性（夜型）	*Anopheles farauti*

表3-1：太平洋諸国におけるフィラリアのタイプと媒介蚊の種類

太平洋諸国には、*Wuchereria bancrofti* という人のフィラリアが存在しているが、同じ種類のフィラリアでも、島ごとにミクロフィラリアの血中出現周期が異なるタイプが確認されている。また、媒介蚊も、フィラリアの血中出現周期に合致した吸血行動をとる種類となる。なお、ヤブカ属(*Aedes*)は昼間、イエカ属（*Culex*)とハマダラカ属（*Anopheles*)は夜間に吸血する。

と地域のうち、２０１６年にはクック諸島、ニウエ、バヌアツが世界初の制圧を達成。２０１９年までにはさらに、キリバス、マーシャル諸島、トンガ、パラオ、ウォリス・フツナで制圧を達成しました（図3－20、図3－21）。

図3-20：2016年10月 WHO西大西洋地域委員会会議においてリンパ系フィラリア症制圧達成を表彰されるクック諸島の保健大臣（WHO）

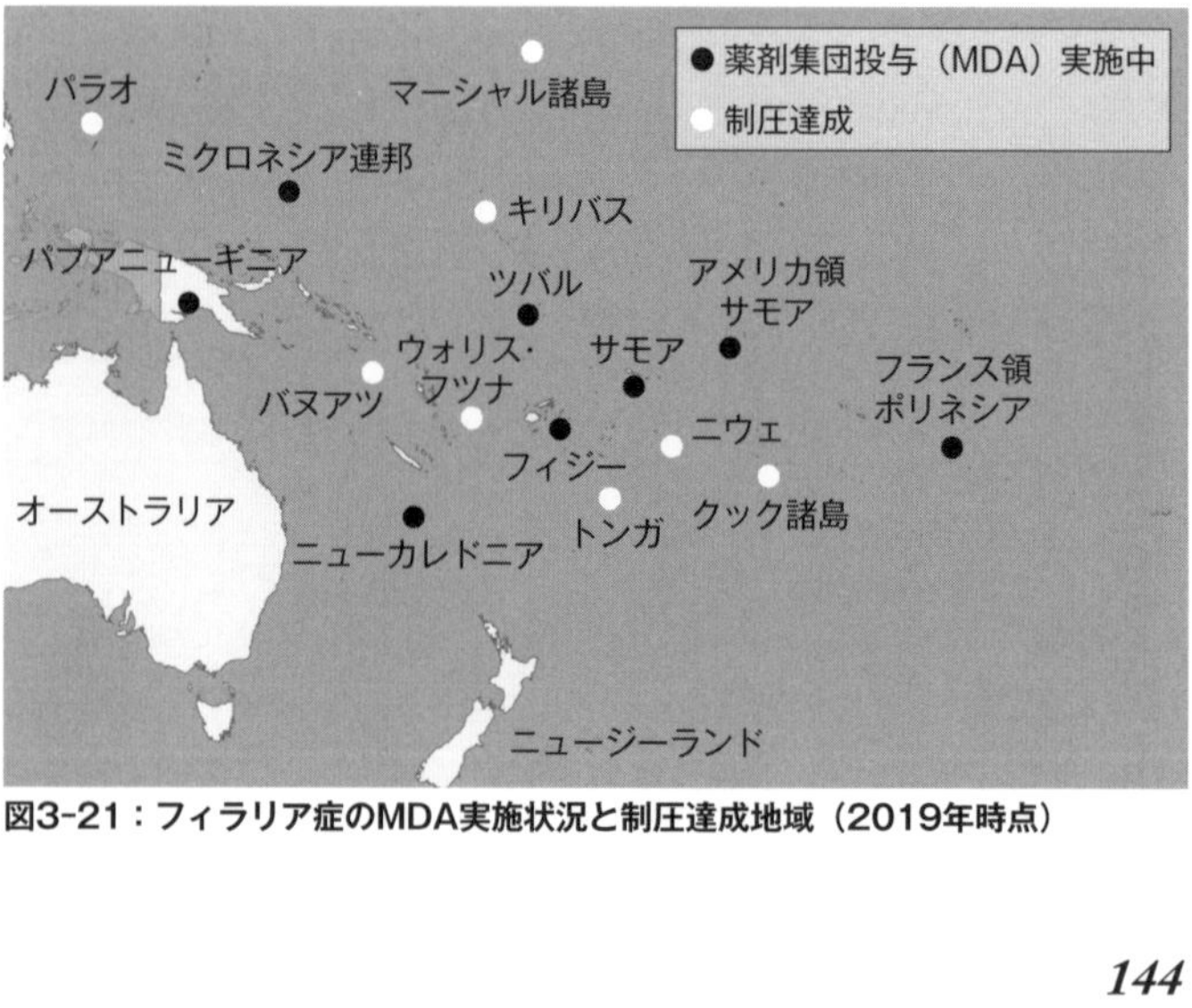

図3-21：フィラリア症のMDA実施状況と制圧達成地域（2019年時点）

3-4 蚊が運ぶ感染症④

イヌのフィラリア症

イヌのフィラリア症は、犬糸状虫（*Dirofilaria immitis*：図3－22）と呼ばれる、イヌの心臓に寄生する線虫によって起こる寄生虫病です。予防薬が一般的に使われていなかったひと昔前の日本では、この糸状虫はおよそ50％の飼いイヌに寄生していました。

その頃、フィラリア症はイヌの主な死因で、咳をして呼吸が荒くなり血を吐いて死んでしまう光景は珍しくなく、平均寿命は7年程度でした。予防薬が一般的に用いられるようになったのは、1980年代以降です。投薬を主とした予防対策が奏効し、今日では、本症の発症は少なくなり、イヌの平均寿命は14年

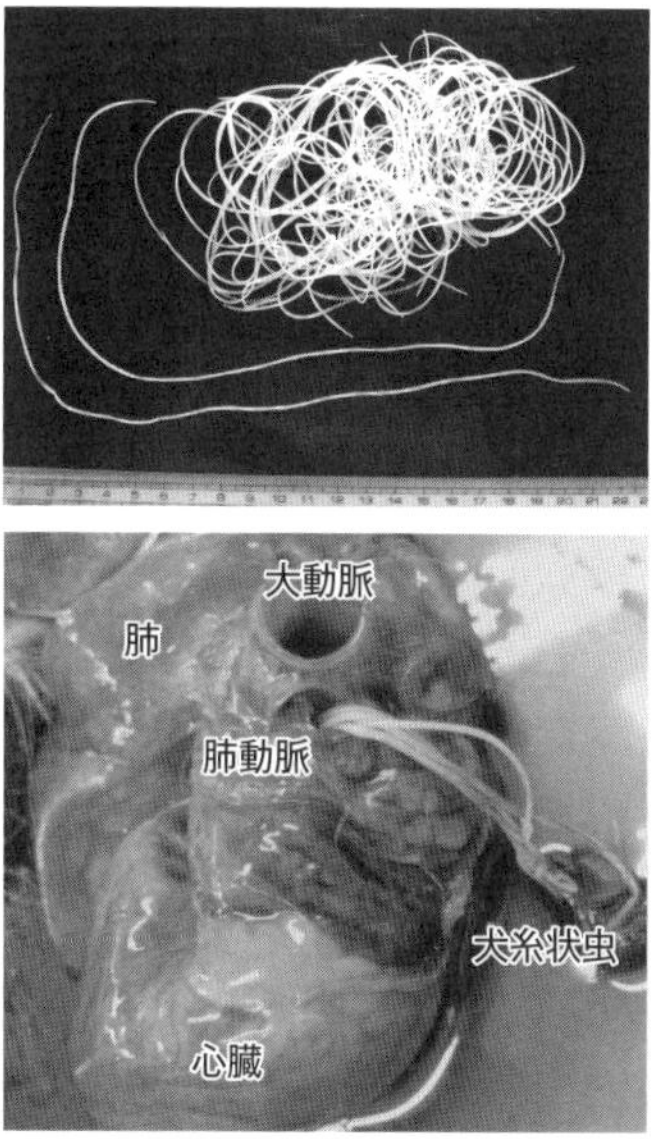

図3-22：イヌの心臓に寄生する犬糸状虫の成虫（上）と、感染犬1頭の心臓から取り出した同成虫（下）
写真撮影：新野孝信（2019 年）

程度になりました。しかしながら、犬糸状虫は今でも国内のどこにでもいます。予防を怠れば発症する可能性は高く、本症は今日でも重要なイヌの寄生虫病なのです。

▼**形態**

犬糸状虫は、そうめんのような形の細長い線虫で、白色を呈します。成虫はイヌの心臓（右心室、肺動脈）に寄生し、体長は雌が約30㎝、雄が約15㎝です（図3-22）。雌成虫からは、ミクロフィラリアと呼ばれる幼虫が産出されます。ミクロフィラリアは体長が約300㎛で、血液中に見られ（**図3-23**）、全身を循環しています。

▼**生活環**

雌成虫が産んだミクロフィラリアは、蚊（中間宿主）が吸血する際に血液とともに蚊体内に侵入します。蚊の中で約2週間かけて感染幼虫（第3期幼虫）に発育すると、蚊の口吻

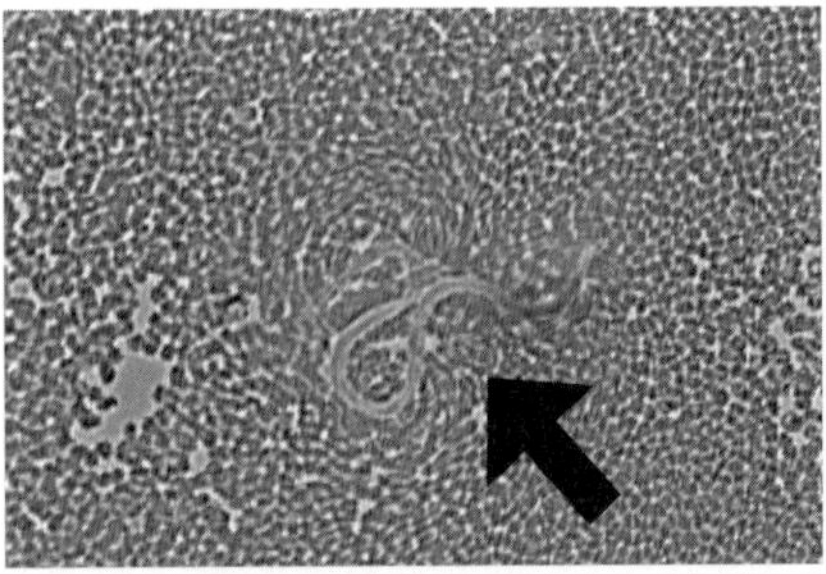

図3-23：感染犬の末梢血中に見られた犬糸状虫のミクロフィラリア（矢印）
活発な運動性を示す。周囲は多数の赤血球。

の近くに集まってきます。この蚊がイヌ（終宿主）を吸血する際に、感染幼虫がイヌの体内に侵入するのです。この感染幼虫はイヌの皮下組織、筋肉、脂肪組織などで発育をつづけ、やがて肺動脈、右心室に移動し、体内に侵入後7～8カ月で成虫になり、雌はミクロフィラリアを産出するようになります。成虫の寿命は5～6年です。なお、血液中のミクロフィラリアの寿命は1～2年です（**図3－24**）。

▼分布および中間宿主の種

犬糸状虫は、イヌ科動物および蚊が生息するところ、すなわち、世界の熱帯から温帯の各地域で見られます。蚊が生息していない北欧や南極などの寒い地域にはいません。

日本では国内全域で見られます。中間宿主となる蚊は、世界では70種以上、国内では16種（**表3－2**）が知られています。

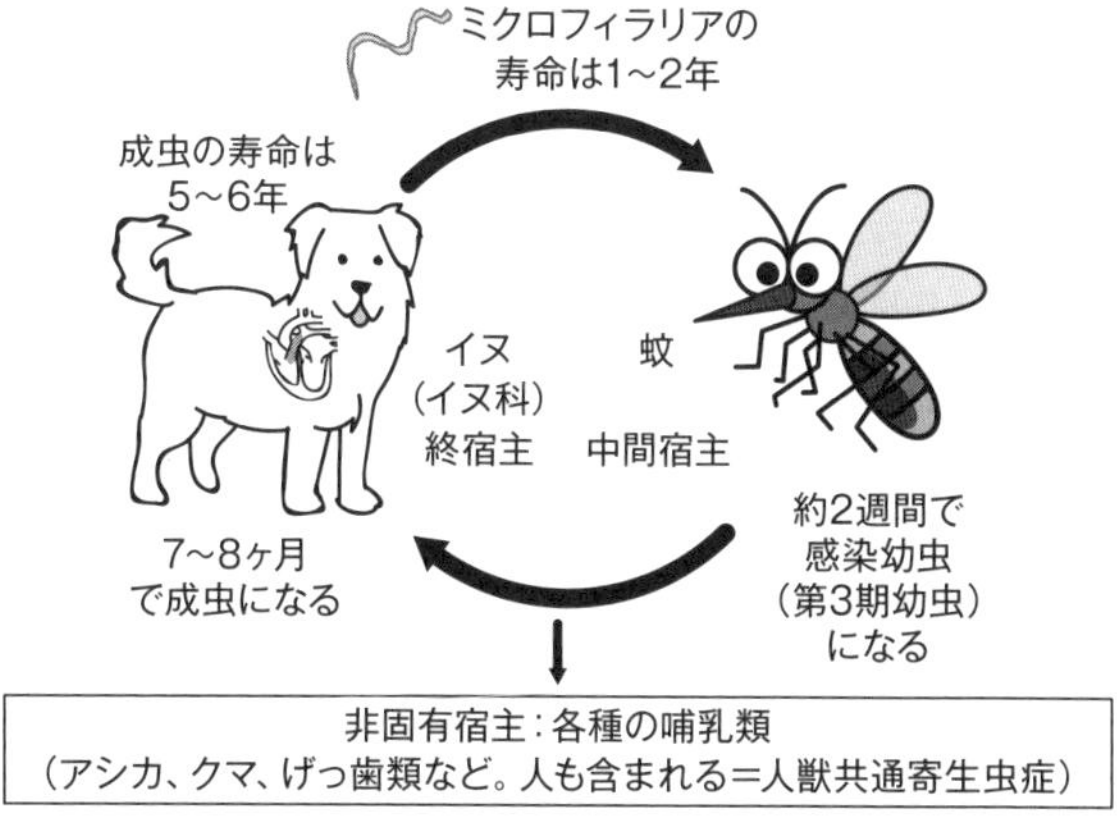

ミクロフィラリアの寿命は1～2年
成虫の寿命は5～6年
イヌ（イヌ科）終宿主
蚊 中間宿主
約2週間で感染幼虫（第3期幼虫）になる
7～8ヶ月で成虫になる
非固有宿主：各種の哺乳類（アシカ、クマ、げっ歯類など。人も含まれる＝人獣共通寄生虫症）

図3-24：犬糸状虫 *Dirofilaria immitis* **の生活環**

▼症状

■慢性犬糸状虫症：感染しても多くは無症状です。しかし、成虫の長期間寄生による慢性の血液循環障害によって、咳や頻脈《ひんみゃく》、呼吸促迫《そくはく》、心雑音や腹水などが見られたり、肝障害や腎障害が起こったりすることもあります。

■急性犬糸状虫症：右心房から大静脈《だいじょうみゃく》に多数の寄生があると、突然発症します。元気や食欲がなくなり、可視粘膜蒼白《かしねんまくそうはく》、呼吸促迫、血色素尿が見られ、放置すれば数日で死亡します。

■幼虫移行症：移行幼虫や未成熟虫が脳、脊髄《せきずい》あるいは眼などへ迷入して（図3-25）、寄生部位に応じた症状を引き起こします。移行幼虫や未成熟虫の寄生例は、イ

属	種	分布
イエカ *Culex*	アカイエカ *C. pipiens pallens*	全域
	コガタアカイエカ *C. tritaenorhynchus summorosus*	全域
	チカイエカ *C. pipiens molestus*	全域
	ヨツボシイエカ *C. sitiens*	沖縄
	ネッタイイエカ *C. pipiens fatigans*	九州、四国、沖縄
	カラツイエカ *C. bitaeniorhynchus*	本州南部以南
ヤブカ *Aedes*	トウゴウヤブカ *A. togoi*	全域
	ヒトスジシマカ *A. adbopictus*	本州以南
	ネッタイシマカ *A. aegypti*	九州、沖縄
	キンイロヤブカ *A. vexans*	全域、特に東北以北
	ホッコクヤブカ *A. cinereus*	本州北部以北
	カラフトヤブカ *A. sticticus*	北海道
	アカンヤブカ *A. excrucians*	北海道
	チシマヤブカ *A. punctor*	本州中部以北
ヌマカ *Mansonia*	アシマダラヌマカ *M. uniformis*	本州以南
ハマダラカ *Anopheles*	シナハマダラカ *A. sinensis*	全域

表3-2：日本における犬糸状虫の中間宿主

ヌ科動物以外の40種類以上のさまざまな哺乳類（非固有宿主）で報告されています。ネコでは多くが無症状ですが、少数の寄生でも突然死亡することがあります。人では、未成熟虫の寄生が世界で200例以上知られていて、寄生部位は、肺、皮下、腹腔、子宮などが確認されています。

▼予防対策

成虫の寄生を防ぐことが発症予防の要で、移行幼虫の殺滅を目的とした予防薬の投薬が主な対策となっています。予防薬にはマクロライド系製剤が主に用いられています。投薬の前には検査を行い、犬糸状虫の寄生の有無を確認しなければなりません。従って、蚊が出る時期になったら動物病院で必ず検査を受けるようにすることが大切です。獣医師の指示に従い、投薬期間中は忘れずに予防薬を飲ませます。1カ月に1回の投薬が主ですが、1回投与で1年間予防する薬もあります。

現代では、飼いイヌを大切な家族の一員と考える人がほとんどかと思います。しっかりとした予防対策を行って、飼いイヌを守ってあげてください。

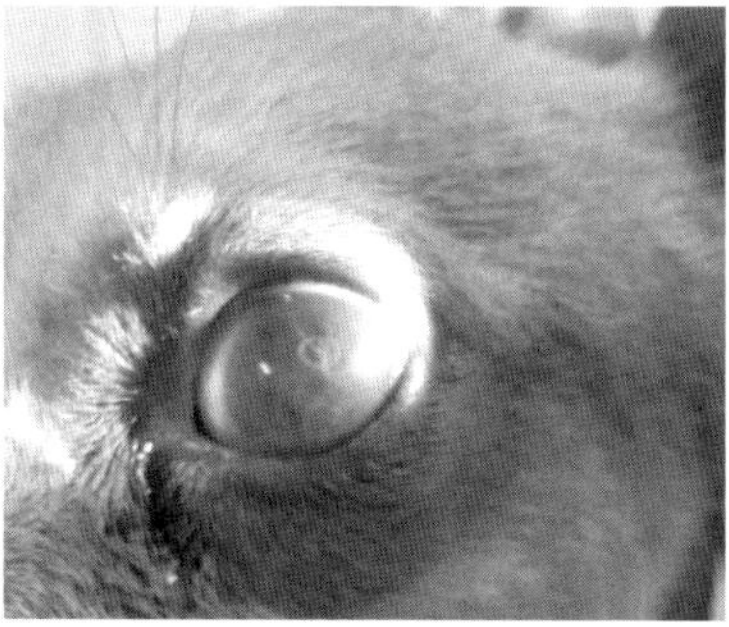

図3-25：イヌの前眼房に寄生する糸状虫の未成熟虫

3-5

蚊が運ぶ感染症⑤

ジカウイルス感染症

ジカウイルスは、１９４７年に東アフリカにあるウガンダのジカ森林において、黄熱研究のために配置されたアカゲザルから初めて分離され、人からは１９６８年に西アフリカのナイジェリアで分離されました。その後、２００７年にオセアニアのミクロネシア連邦ヤップ島、２０１３年9月にフランス領ポリネシアでジカウイルス感染症の最初の大規模な流行があり、この感染症が広く知られることになりました。２０１５年には、ブラジルで小頭症《しょうとうしょう》の子どもの増加が問題となり、これが妊婦のジカウイルス感染が原因であることが明らかとなり社会問題となりました。

人間社会においてジカウイルス感染症を媒介する蚊は、主にネッタイシマカとヒトスジシマカです。ジカウイルスに感染し、ウイルス血症となった状態でこれらの蚊に吸血されることで、蚊が感染性をもつようになります。蚊を媒介とする感染以外にも性交渉、母子感染、輸血による感染が知られており、これはジカウイルス感染症の特徴と言えます。

ジカウイルスに感染しても、約80%は症状が現れない不顕性感染であると考えられています。残りの約20%は、2~7日後に症状が現れます。ジカウイルス感染症の臨床症状として頻度が高いのは、微熱を含む発熱、関節痛、皮疹《ひしん》（図3-26）、眼球結膜充血《がんきゅうけつまくじゅうけつ》（図3-27）です。これ以外にも頭痛、筋肉痛、後眼《こうがん》窩《か》痛《つう》などの症状が見られることもあります。同じ蚊媒

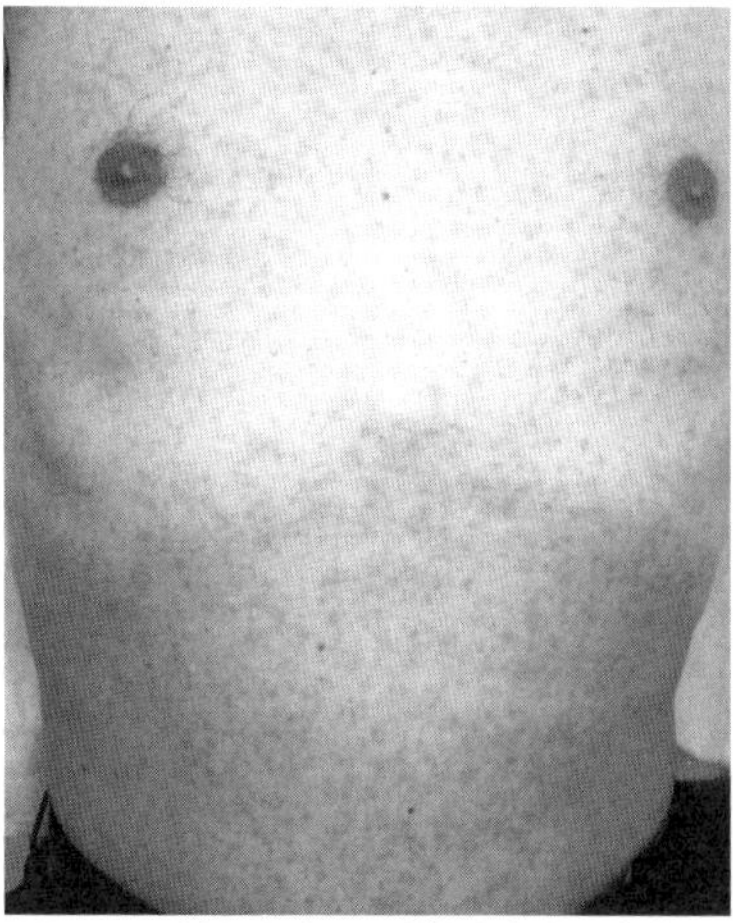

図3-26：ジカウイルス感染症患者の皮疹

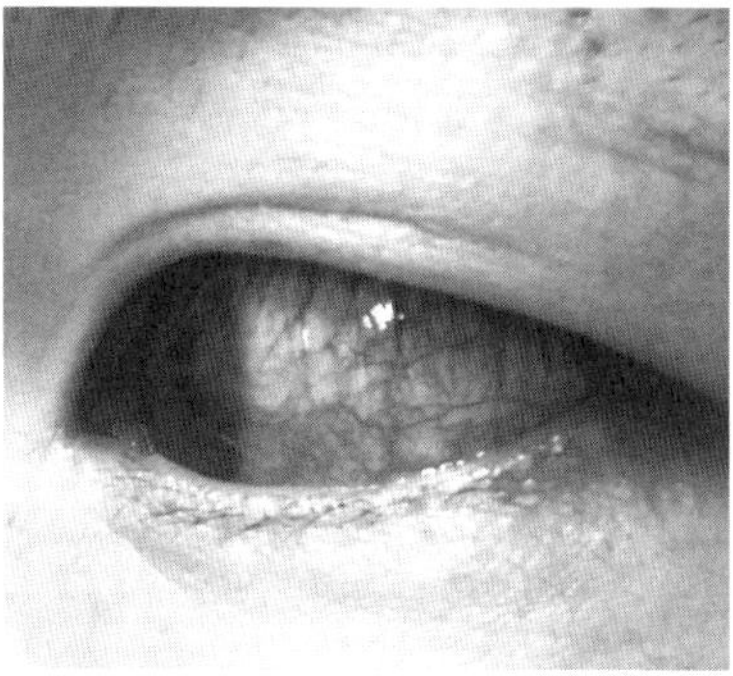

図3-27：ジカウイルス感染症患者で見られた眼球結膜充血

介性ウイルス感染症であるデング熱と比べると、症状が軽いことが多いのが特徴です。有効な治療薬はまだありませんので、症状に応じて解熱薬や抗アレルギー薬などを使用した対処療法をとることになります。

ジカウイルス感染症には、まだ有効なワクチンもないので、蚊に刺されないことが重要です。蚊に刺されないためには、流行地域で外出する際には露出の少ない服装にして、露出部分には忌避剤（特にディートやピカリジンなどを含むもの）を使用するようにしましょう。また、性交渉で感染することもあるので、流行地域に渡航した場合は、一定期間は性交渉を控えることが求められます。２０２０年9月現在、ＷＨＯやアメリカ疾病予防管理センターは、流行地域に渡航した男女が渡航後に性行為を控えるべき（または性行為時にコンドームを使用すべき）期間を、男性は3カ月、女性は2カ月と定めています。

新型コロナウイルス感染症の流行によって、海外からもち込まれる感染症が激減していますが、渡航者が再び増えてくればジカウイルス感染症が日本国内にもち込まれることも起こりえるでしょう。特に熱帯・亜熱帯地域へ渡航される方は、防蚊対策を徹底するように注意しましょう。

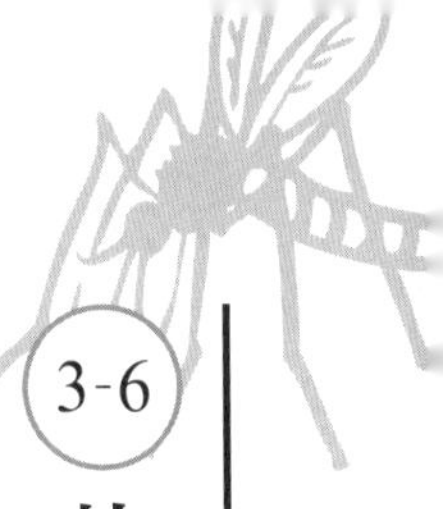

3-6 蚊とオリンピックと感染症

病原体の感染経路は、大きく垂直感染（母子感染）と水平感染の2種類に分かれます。さらに、人や物を介して感染する水平感染は4つ（接触感染、飛沫感染、空気感染、媒介物感染）に分類されます。たとえば、とびひや梅毒などは感染者に直接接触して感染します。インフルエンザや今般の新型コロナウイルス感染症（COVID-19）などは咳やくしゃみなどの飛沫、結核やはしかは空気中に漂う微細な粒子（飛沫核）を吸い込むと感染します。水平感染する感染症の流行には、人が密集する大規模イベントの開催は大きなリスクとなります。一方で蚊やダニなどの節足動物の媒介によるものを媒介物（節足動物媒介）感染症と呼び、デング熱や日本脳炎、重症熱性血小板減少症候群（SFTS）*などが知られています。

2019年12月に中国・武漢市で最初の感染が確認された新型コロナウイルス感染症の世界的な感染拡大を受け、WHOは2020年1月30日に

＊重症熱性血小板減少症候群（SFTS）…主にウイルスを保有しているマダニに咬まれることにより感染するダニ媒介感染症。発熱、消化器症状（嘔気、嘔吐、腹痛、下痢、下血）を主張し、時に腹痛、筋肉痛、神経症状、リンパ節腫脹、出血症状などを伴う。

緊急事態を宣言し、3月24日には国際オリンピック委員会が、2020東京オリンピック・パラリンピックの延期を発表しました。もし、予定通り開催していたら、世界中から多くの訪日客が集まることが予想されていたため、新型コロナウイルス感染症ばかりでなく、あらゆる感染症への対策を加速させる必要に迫られたでしょう。その対象感染症には、2014年に約70年ぶりの国内流行を記録したデング熱などの蚊媒介感染症も含まれます。

1896年に始まった夏季オリンピック（冬季大会は1924年から）、1960年から正式に開催されたパラリンピックの長い歴史のなかでは、感染症の流行と対峙した大会もありました（**表3－3**）。

年	開催地	感染症	主な流行国と地域
1896	アテネ	—	—
1964	東京	コレラ 日本脳炎 ※1	インドネシア・アジア全域 日本・アジア全域
1968	グルノーブル（冬季） メキシコ	香港風邪	香港・アメリカ
1976	モントリオール インスブルック（冬季）	エボラ出血熱	スーダン・ザイール ※2
1996	アトランタ	変質型クロイツフェルト・ヤコブ病	イギリス・ヨーロッパ
2002	ソルトレークシティ（冬季）	SARS	中国・東アジア・カナダ
2012	ロンドン	MARS	アラビア半島・ヨーロッパ
2014	ソチ（冬季）	エボラ出血熱	西アフリカ
		デング熱	日本を含むアジア全域
2016	リオデジャネイロ	ジカウイルス感染症	ブラジル・中南米
2018	平昌（冬季）	ノロウイルス感染症	アジア・ヨーロッパ オセアニア
2020	東京	新型コロナウイルス感染症	日本含む全世界

※1 日本脳炎ワクチン接種の勧奨は1965年　※2 現在はコンゴ民主共和国

表3-3：オリンピック開催地と感染症流行の歴史

オリンピック開催年に世界で流行した感染症をあげた。オリンピックの開催年と開催された国・地域が一致したものを着色している。

1964年の東京大会では、オリンピック開催直前にコレラ*の蔓延が判明し、関係者へのワクチン接種に追われました。同年、日本脳炎の患者は2600人を超え、その半数が亡くなっています。日本脳炎ワクチンの定期接種が翌1965年から開始されたことから、その後の患者数は急激に減少しました。それ以降も新型インフルエンザ、重症急性呼吸器症候群（SARS）*や中東呼吸器症候群（MERS）*といったコロナウイルスによる呼吸器感染症、エボラ出血熱*などの新興感染症が世界各地で発生しました。そのなかでも2016年のリオデジャネイロ大会におけるジカウイルス感染症の流行と、2018年平昌《ぴょんちゃん》冬季大会におけるノロウイルスの流行は記憶に新しい出来事です。平昌大会では、選手や大会関係者、ボランティアを含め200人を超す患者が発生し、海外への感染拡大も危惧されました。

　ジカウイルスは、1947年にウガンダのジカの森で黄熱ウイルスのおとりとして使用されたアカゲザルから初めて分離された、フラビウイルス属のウイルスです。2000年代後半までの患者数は十数人に過ぎませんでしたが、2007年のミクロネシア連邦ヤップ島では数百人規模に、

＊コレラ…代表的な経口感染症のひとつで、コレラ菌で汚染された水や食物を摂取することによって感染する。経口摂取後、胃の酸性環境で死滅しなかった菌が、小腸下部に達し、定着・増殖し、感染局所で菌が産生したコレラ毒素が細胞内に侵入して病態を引き起こす。

＊重症急性呼吸器症候群（SARS）…SARS（Severe Acute Respiratory Syndrome）コロナウイルスの感染による急性呼吸器症候群。中国南部の広東省を起源として世界的規模の集団発生が発生した。

2013年のフランス領ポリネシアでは3万人にもおよぶ大流行になりました。2015年以降はブラジルで推定患者数約20万人とも報道された大流行を起こし、その後、カリブ海諸国、メキシコ、東南アジアまで流行域を拡大しました。2016年2月、WHOは2015年後半からブラジルで始まった小頭症およびそのほかの神経障害の急増を受けて、緊急事態宣言を発令しました。ブラジル保健省の発表によると、4500件の確定例のうち1500件が先天性小頭症または中枢神経異常と判定され、22万人の兵士が蚊の駆除にあたったそうです。

2016年3月にジカウイルス感染症の視察でブラジルを訪れる機会がありました。リオデジャネイロ市内のオリンピック施設を訪問した際の状況を紹介します。リオデジャネイロ市で観光者が必ず訪れる名所のひとつがコルコバードの丘です。観光客の多くがノースリーブにショートパンツ、サンダル履きでしたが、なかには虫よけスプレーを吹きつけながら見物している人も見受けられました。コパカバーナのボート競技場には工事道具や資材、廃棄物などが建物周辺に雑然と置かれ、周囲の草むらにはネッタイシマカの成虫が多数発生していました。建設中の選手村では、1階の受

＊**中東呼吸器症候群（MERS）**…2012年9月以降、サウジアラビアやUAEなど中東地域で広く発生している重症呼吸器感染症。病原体は、MERS(Middle East Respiratory Syndrome)コロナウイルス。

＊**エボラ出血熱**…エボラウイルスによる感染症。感染すると潜伏期を経て、発熱や倦怠感などを呈し、その後、嘔吐、出血などの症状が現れる。

付デスクの下に蚊がたくさん飛んでいるとスタッフが困っていました。この時の蚊は全てネッタイシマカでした。開会式が行われる予定のマラカナン競技場では、フェンスの支柱が抜けた穴に水がたまりヒトスジシマカとネッタイシマカの幼虫が見つかりました。リオデジャネイロ大会に伴う邦人観光客は1万人を超えると予想され、輸入症例の増加から日本でも国内感染例が発生する可能性が強く危惧されていました。幸い、その後ブラジルは冬に向かい、蚊の活動が低下したこともあり患者数は減少し、海外への顕著な感染拡大も報告されませんでした。

2020年にパンデミックを起こした新型コロナウイルス感染症のように、飛沫による人-人感染は、人の行動を制限するという比較的シンプルな方法で感染拡大を阻止することができます。しかし、ジカウイルス感染症の流行は、媒介蚊の季節消長に大きく影響され、対策は複雑になることが予想されます。とはいえ、どのような感染症であっても、正しく理解し正しく恐れることが鎮圧への近道ではないでしょうか。今、私たちのモラルと英知が試されています。

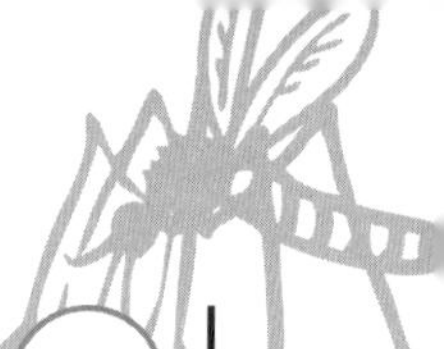

3-7 蚊と温暖化

温帯地域にある東南アジア諸国では、気温上昇や降水量の増加により、蚊やマダニなど吸血性節足動物の分布域の拡大や活動期間の延長が懸念されています。節足動物媒介感染症は、温暖化に代表される地球環境の変化に最も影響を受ける疾病のひとつと言えます。

デング熱の主要な媒介蚊であるヒトスジシマカは、日本では北海道を除く全都府県に定着しています（図3－28）。また、幼虫の発育には年平均気温11℃以上が必要であることが知られています。２０００年までの情報をもとに将来の年平均気温を推測したところ、ヒトスジシマカの生息可能な地域は２０３５年までに本州の北端まで、２１００年には北海道の西側と道南の一部に到達すると推察されました。しかし実際には、２０１５年に青森市内で初めてヒトスジシマカが見つかり、翌年にはその定着が確認されています。ここ数年の温度変化は、当時予測した分布域拡大のスピードをはるかに上回っていることに驚かされます。

もう一方の媒介蚊であるネッタイシマカは、最近日本にひんぱんに侵入しています。2012年以降、成田空港敷地内のトラップに、ほぼ毎年ネッタイシマカの幼虫と蛹が発生しています。この蚊はアフリカ起源の種で、その生息には冬季の平均気温が10℃以上あることが必要と考えられています。日本でも第2次世界大戦前までは沖縄本島や宮古島、石垣島、小笠原諸島などで生息が確認されていましたが、1970年の石垣島での記録以降報告はなく、国内では絶滅したと考えられています。幸い、成田空港周辺の屋外での越冬は確認されませんでしたが、常時10℃以上に維持されているビル内などでの越冬の可能性は否定できません。ましてや、このまま温暖化が進行すると本種の国内定着も可能になってしまうでしょう。

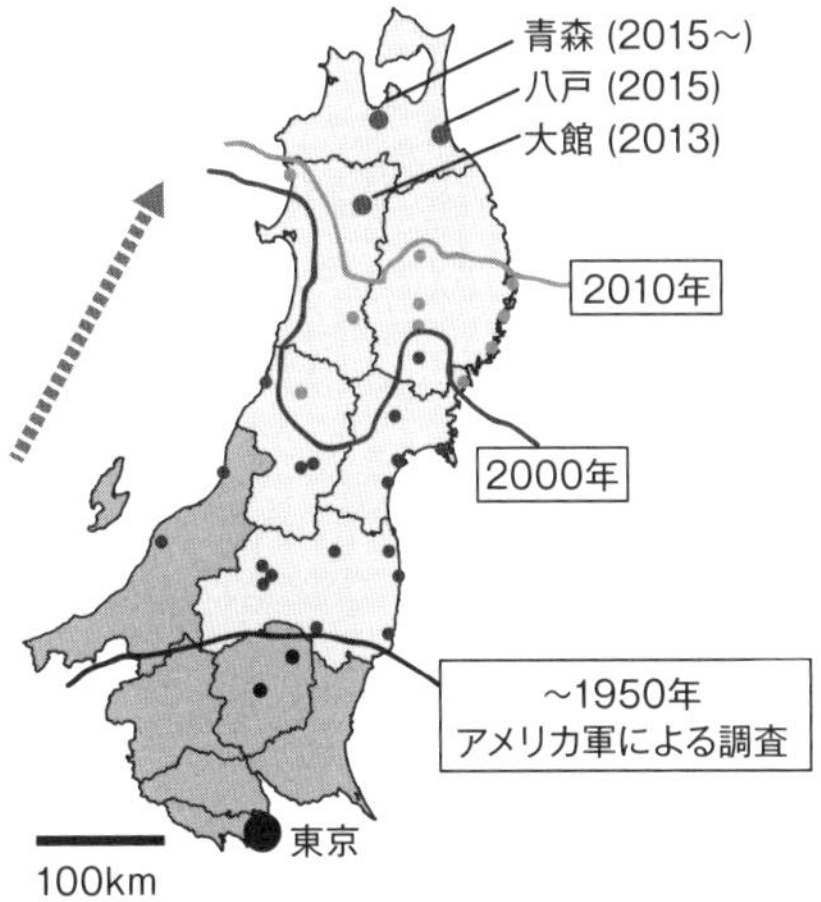

図3-28：東北地方におけるヒトスジシマカの北限の推移
(　)内は幼虫が初めて確認された年。大館市では2013年、青森市および八戸市では2015年に幼虫が初めて発見され、青森市ではその後定着が確認された。1950年までの分布域は当時のアメリカ占領軍の調査報告から推定した。

3-8 蚊と国際化

人や物の国際的な移動が盛んな現代では、外来感染症の国内侵入例も増加しています。日本脳炎やデング熱の流行には、媒介蚊の国際的な移動が大きな役割を担っていると言っても過言ではありません。

日本脳炎は日本を含むアジア全域で流行していますが、近年、パプアニューギニアやオーストラリアなどアジア以外の地域からも患者発生が報告されています。一方で、日本国内で見つかる日本脳炎ウイルスには、明らかに東南アジアから侵入したと思われるウイルスの存在が近年知られるようになりました。そのウイルスの運び屋として、主要な媒介蚊であるコガタアカイエカの、海外からの飛来が注目されています。長距離移動性の昆虫として知られる稲害虫のウンカ類と同様のルートで、コガタアカイエカが自力で東シナ海を渡ってくるというのです（図3-29）。九州各地に設置されたウンカのトラップに日本産と異なるタイプのコガタアカイエカが混入していたり、中国大陸では数百kmの移動が観察されるなど、本種の長距離移動を裏づける事例が報告されています。また、ウイルス保有動物とされる鳥類の渡りによっても、運ばれているようです。

さらに、世界中を飛び回っている航空機を利用して、国際化を果たしたのがデング熱媒介蚊です。近年、成田空港や国内のそのほかの国際空港周辺のトラップにネッタイシマカの幼虫や蛹が発生したり、航空機内から成虫が捕獲されたりするなど、日本国内への侵入事例が頻発しています。反対に、ヒトスジシマカは、日本から輸出された古タイヤの内側に付着していた乾燥卵によって、１９８０年代に北米、南米大陸に侵入・定着しました。ヤブカ属の卵は乾燥に強く、数カ月の乾

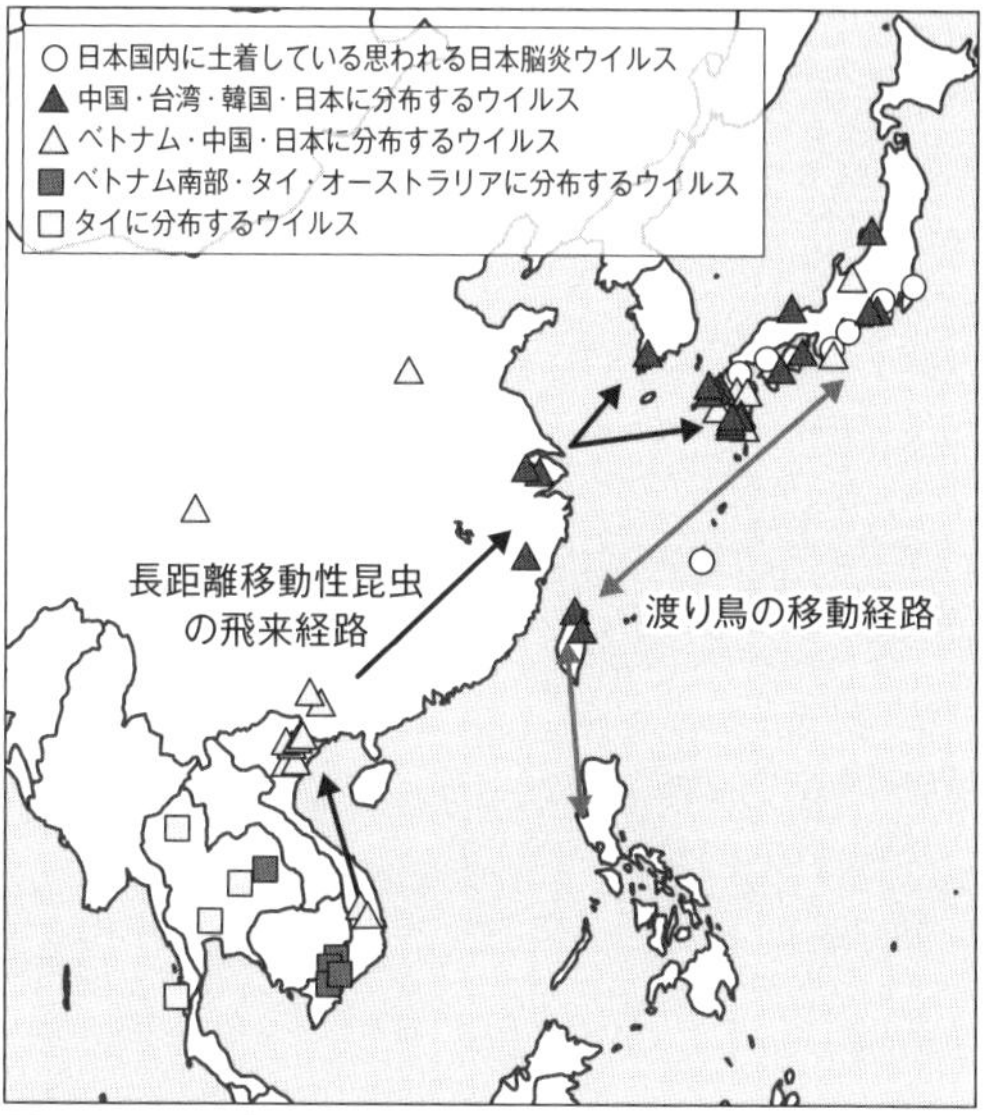

図 3-29：アジアにおける日本脳炎ウイルスの分布と移動

燥に耐えられるのです。その後、ヒトスジシマカは再び古タイヤを介してアメリカからヨーロッパに渡り、イタリアとフランスでチクングニア熱の流行に関与したと考えられています。

厄介なことに、近年のネッタイシマカにおける殺虫剤抵抗性の発達は世界的な問題として深刻さを増してきていますが、飛行機で日本にやってきているネッタイシマカのなかにもそのような集団が含まれていることが分かっています。また、そのような集団の蚊には既存の殺虫剤が効かない可能性が高いと予想されています。国内のヒトスジシマカは現時点では十分に殺虫剤が有効で駆除できることが確認されていますが、ネッタイシマカ同様に抵抗性をもつヒトスジシマカも海外から侵入してきているようです。今後のデング熱媒介蚊対策が困難になることは明らかです。

3-9 国連と蚊

　国際連合（国連）は、国際平和・安全の維持、諸国間の友好関係の発展、経済的・社会的・文化的・人道的な国際問題の解決のため、および人権・基本的自由の助長のための国際協力を目的として１９４５年に設立されました。２０２０年４月現在１９６の加盟国を有し、６つの主要機関と、その下に置かれた付属機関・補助機関、また国連と連携関係をもちつつ独立して活動する専門機関、関連機関などによって構成されています。

　２０１５年９月の国連総会で、「持続可能な開発のための２０３０アジェンダ」が採択されました。その中核である、２０３０年までに達成すべき目標として新たに設定された「持続可能な開発目標（Sustainable Development Goals：ＳＤＧｓ）」は、国際社会共通の目標として策定されたものです。そのゴール３である「健康」目標は、「地球上のあらゆる年齢のすべての人々の健康的な生活を確保し、福祉を推進する」ことを目指しています。蚊などの媒介生物に対する効果的な対策は、このゴール3に大きくかかわるだけでなく、ゴール1「貧困をなくそう」やゴール11「住み続けられるまちづくりを」など、複数のSDG目標達成につながると考えられています。

蚊対策にかかわっている国連機関には、WHO、国際連合児童基金（ユニセフ）、国際連合食糧農業機関（FAO）、国際連合環境計画（UNEP）などがあります。

ユニセフは世界中の子どもたちの命と健康を守るために活動する国際機関で、子どもの保健・栄養、安全な水・衛生、全ての男子・女子のための質の高い基礎教育、暴力・搾取・エイズからの保護活動を支援をしています。ユニセフは子どもの命をマラリアから救うために、蚊帳の配布および蚊帳の適切な使用について学校教育を展開しています。FAOは世界の人々の栄養と生活水準および農業生産性を向上し、農村に生活する人々の生活条件を改善して、世界経済成長へ寄与することをミッションとしています。UNEPは地球規模での環境課題を設定し、環境に関する諸活動の総合的な調整を行うとともに、国際的協力を推進することを目的としており、その優先活動には環境管理や生態系管理、気候変動が含まれています。FAOとUNEPはWHOと共同で、媒介生物コントロールにかかわる政策・戦略・活動を統合および調整することにより、効率と一貫性を高めることを推進しており、そのなかで農薬管理や媒介生物対策に関する研修などを行っています。

国連機関のなかで病気対策という観点から蚊対策を主導しているのがWHOです。WHOは、人間の健康を基本的人権のひとつと捉え、その達成を目的として1948年に設立された国際連合の専門機関です。WHOの任務はWHO憲章に規定されていますが、そのなかでも主要なものに、国際保健事業の指導的かつ調整的機関として行動すること、国連や専門機関、政府保健行政機関、そのほかの機関と効果的な協力関係をつくり、保健事業の強化について各国政府を援助することがあります。特に、「伝染病、風土病および他の疾病の撲滅事業の奨励および促進」は、WHOの設立当初からその最重要課題のひとつにあげられています。

蚊が媒介する病気の対策や制圧、根絶についても、1948年にはベクター（媒介蚊）の生態に関する研究と蚊の対策の加速を要請する世界保健総会決議が可決されています。特にマラリアやリンパ系フィラリア症はWHO設立当初から世界レベルでの公衆衛生上の優先課題にあがっており、世界レベルで根絶・制圧プログラムが遂行されています。

このように、さまざまな国連機関が「世界の平和と人の安全」の実現を目指して、それぞれの使命と目的に従って、またお互いに活動を調整・連携して、世界レベルで蚊の対策を推進しています（図3-30）。

図 3-30：感染症の媒介蚊への注意喚起のポスター（WHO）

3-10 蚊とＳＤＧｓ

現在、世界の産官学民は、国連が２０１５～２０３０年までの目標として掲げた17の「持続可能な開発目標（Sustainable Development Goals：ＳＤＧｓ）」の達成を目指し、さまざまな活動を行っています。ゴール３「すべての人に健康と福祉」では、そのターゲットとして「エイズ、結核、マラリア、顧みられない熱帯病の流行を終わらせ、肝炎、水を媒介する病気、その他の伝染性疾患と闘う」ことを定めています。マラリアのほか、顧みられない熱帯病と呼ばれる20疾患に含まれるデング熱やチクングニア熱、リンパ系フィラリア症は蚊が媒介する病気で、これらの疾病の対策ロードマップにあげられた５つの戦略には媒介昆虫の対策も含まれています。ＷＨＯは蚊関連の対策を行うだけでＳＤＧｓの６割近くの目標に貢献すると発表しています。

日本では、エーザイ㈱がリンパ系フィラリア治療薬のＤＥＣ錠を無償寄付し（図３－31）、住友化学㈱はマラリア対策に長期効果的をもつ薬剤練り込み蚊帳Olyset® Net の製造を行っています。また、大学や（公社）グローバルヘルス技術振興基金は研究開発活動を、そしてＪＡＧｎｔｄ（Japan Alliance on Global Neglected Tropical Diseases）は、国内外の関係団体、企業、個人を結び、それらの貢献の可視化と有効化を進める活動をしています。

図 3-31：薬剤の集団投薬の様子（上：ミャンマー、下：インドネシア）
写真提供：エーザイ（株）

3-1

防虫蚊帳や屋内残留噴霧剤によるマラリア対策

●マラリアベクターコントロールの歴史

　ベクターコントロールとは、病原媒介生物（ベクター）を駆除または制御（コントロール）することにより、人への感染を防ぐことを意味します。主なベクターとして、マラリアを媒介するハマダラカ属、デング熱やジカウイルス感染症を媒介するネッタイシマカやヒトスジシマカ、リーシュマニア症[*1]を媒介するサシチョウバエや、アフリカ睡眠病[*2]を媒介するツェツェバエなどがあげられます。特にマラリアは、現在世界で年間約2億人が感染し、40万人が命を落とす、最も重大な昆虫媒介性の感染症のひとつであるため、ベクターコントロールが予防策として極めて重要です。

　ベクターコントロールによるマラリア対策は、1940年代後半に有機塩素系殺虫剤DDTの屋内残留噴霧（Indoor Residual Spraying：IRS）によってスタートしましたが、資金不足などの問題により散布が減少し、マラリア患者数が再び増加に転じました。そこで、1980年代後半にWHOは方針転換を行い、蚊帳を殺虫剤液に浸してマラリア対策に使用する手法の普及を試みました。しかし、洗濯により薬剤が洗い流され、ひんぱんに再処理が必要であるため、現場では受け入れられませんでした。そこで、1990年代に住友化学㈱が、「樹脂に殺虫剤を練り込んで徐々に糸表面に放出する」という新たなコンセプトで長く効力を持続させる「Olyset® Net」を開発しました。詳しくは後述しますが、この製品は現場に受け入れられ、2001年にはWHOにも推奨され、ベクターコントロールに「長期残効性防虫蚊帳（Long-Lasting Insecticidal Net：LLIN）」という新たなカテゴリーが生まれました。その後、LLINは現在に至るまでマラリアベクターコントロールの主流となっています。

●マラリア媒介蚊防除に関する技術開発

■長期残効性防虫蚊帳（LLIN）：LLINは、マラリアのベクターコントロールの中核となる製品であり、2002年の大量配布開始以降、2015年の時点で累計4億人をマラリアから守ってきました。また、これまで全世界で約20億張りが配布されています。薬剤を含まない蚊帳は、物理的にマラリア媒介蚊からの刺咬を防ぎますが、蚊は生存しつづけるため、常にマラリア感染のリスクが伴います。一方で、LLINは物理的防除だけでなく、蚊帳表面に止まった蚊が、薬剤に曝露されることで、蚊に対する忌避、致死、吸血阻害、ノックダウンなどのさまざまな効果が得られ、マラリア感染リスクを大幅に低減させることができます。その上、たとえ蚊帳に穴が開いても、蚊が薬剤に触れることで、それらの効果が期待できるのも特徴です。

　ＬＬＩＮは、繊維表面に薬剤を固着塗布した薬剤コーティング蚊帳、および薬剤を繊維内部から徐々に表面にしみ出させる薬剤練り込み蚊帳の2種類があります。前述のOlyset® Netは、殺虫効力に加え、優れた忌避効果を有するピレスロイド系殺虫剤ペルメトリンをあらかじめポリエチレン繊維に練り込み、ネット状に編んだものです。

　これらＬＬＩＮの有効成分には全てピレスロイド系殺虫剤が使われていましたが、２０００年代後半からアフリカの各地でピレスロイドに抵抗性をもつハマダラカの出現が

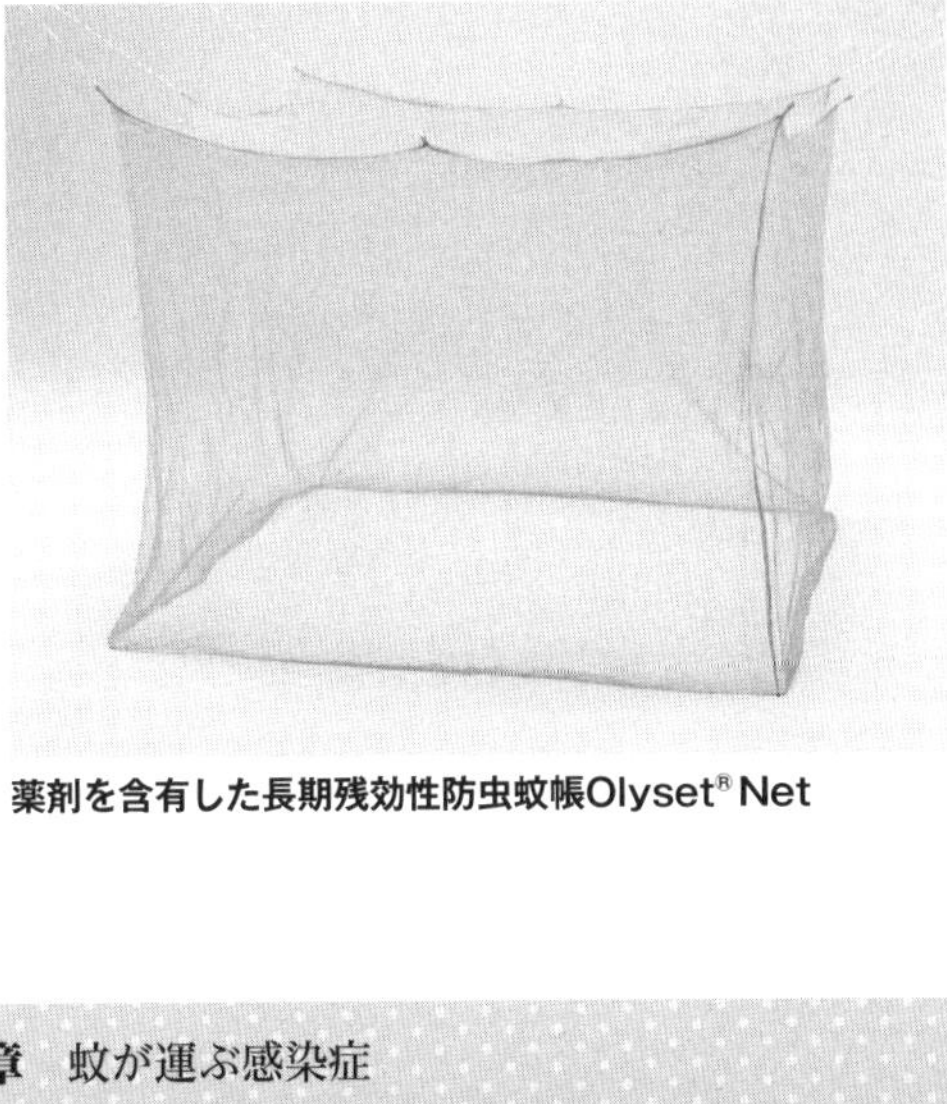

薬剤を含有した長期残効性防虫蚊帳Olyset® Net

報告されるようになりました。そこで、ピレスロイド系殺虫剤を解毒する酸化酵素の働きを阻害し、蚊に対する薬剤の効力を増強する効果をもつピペロニルブトキシド（PBO）を含有するLLIN（Olyset® Plus など）が開発され、新たなピレスロイド抵抗性対策ツールとして、近年普及が進められています。

■屋内残留噴霧（IRS）剤：マラリアは、マラリア原虫を保持した蚊が吸血行動をすることで、次々に伝播していきます。この吸血後の伝播阻止として、屋内残留噴霧剤（IRS剤）が使用されています。これは、マラリア媒介蚊が、吸血後に家屋内の壁面で休息する性質を利用し、壁面に薬剤を噴霧処理することで、接触した蚊を駆除する方法であり、新たな感染の拡大を防ぐ点で極めて優れた防除方法です。IRSは壁面に満遍なく薬剤を噴霧する必要があり、時間と手間がかかる方法なので、アフリカなどのマラリア流行地帯では、長い流行期間の間に1回のみの散布で済ませられ

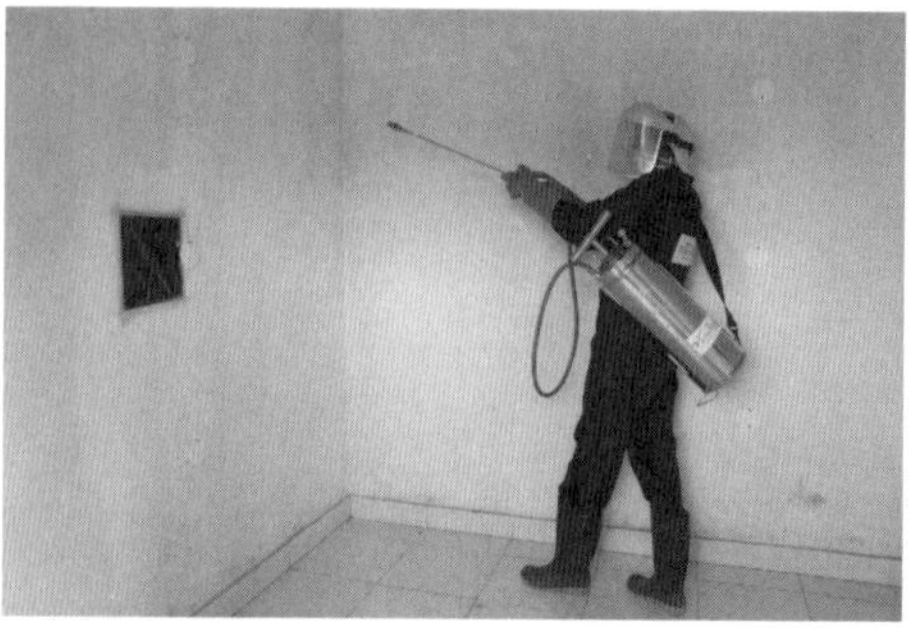

屋内残留散布剤IRSの散布風景

蚊の豆知識

る、残効性があるＩＲＳ剤が求められています。そのため、薬剤性能は、高い安全性に加え、耐候性に優れ、分解しにくい殺虫成分を選択するとともに、壁面への付着性が高く、吸収性が少ない必要があります。またこれまでＩＲＳ剤として用いられてきた、ＤＤＴ、ピレスロイド系、カーバメイト系などの薬剤は蚊に抵抗性が発達している地域が多く、新しい作用性のある薬剤の適用が求められています。一例をあげると、クロチアニジン（ネオニコチノイド系殺虫剤）を使用した製品（SumiShield™ 50WG）が住友化学によって開発され、２０１７年にＷＨＯの認証を得ています。

マラリア流行地帯へのＬＬＩＮの全面配布により、マラリア罹患数が大きく減少してきた現在、ＬＬＩＮに加え、ＬＬＩＮとは異なる種類の薬剤を使用したＩＲＳをマラリア防除計画に加えることは、今後のマラリア防圧のためには極めて重要なことなのです。

■そのほかのベクターコントロールツール：マラリア対策としてＬＬＩＮやＩＲＳが主流である一方で、新たなマラリア対策ツールの開発や導入の検討も進んでいます。たとえば、デング熱対策として使用されている幼虫剤があります。ＬＬＩＮやＩＲＳは家屋内での蚊の成虫対策であるのに対し、こちらは蚊の発生源を対策（ボウフラの駆除対策）する戦略です。しかし、マラリアを媒介するハマダラカの発生源は、灌漑《かんがい》水路のよどみや、わだちなどにできた水たまりであり、毎年決まった場所で発生するとは限らないため、散布効率の向上策が研究されています。

また、WHOのベクターコントロールアドバイザリーグループは、新しいベクターコントロールツールの開発の支援と評価を行っています。たとえば、空間忌避剤や、蚊の成虫に対する毒餌剤、捕虫トラップなどです。さらには遺伝子操作による防除技術なども検討されています。

●マラリア制圧のために

アフリカにおけるマラリアの死者数は、世界エイズ・結核・マラリア対策基金*3（略称：グローバルファンド）などによるLLINの大量配布を中心とした総合対策により、2000年から現在までにほぼ半減しました。また、2000〜2015年の間に累計約6億件以上のマラリア罹患数の減少が達成されましたが、このうち約8割はLLINおよびIRSの効果とされており、ベクターコントロールは、全てのマラリア防除戦略の中心に位置しています。

その一方で、ピレスロイド系薬剤への抵抗性発達などの新たな問題も顕在化しています。

今後も新たなＬＬＩＮやＩＲＳ、幼虫防除などの開発が期待されるとともに、これらを組み合わせたマラリア対策の手法や、使用殺虫成分のローテーションなどの総合的な戦略が、マラリアのさらなる制圧にとって必要とされています。

＊１　**リーシュマニア症**…寄生原虫の一種のリーシュマニアがサシチョウバエ類に媒介されて感染する寄生虫症。原虫の種類によって発症した場合の症状が、「皮膚リーシュマニア症」、「内臓リーシュマニア症」、「粘膜皮膚リーシュマニア症」の３つに分けられる。

＊２　**アフリカ睡眠病**…ブルーストリパノソーマという寄生原虫種に属するふたつの亜種を病原体とし、ツェツェバエに媒介されて人に感染する寄生虫症。病状が進行すると髄膜脳炎を起こし、最終的には昏睡状態に陥って死に至ることからこの病名がつけられたとされている。

＊３　**世界エイズ・結核・マラリア対策基金**…低・中所得国の三疾病（エイズ、結核、マラリア）対策のために資金を提供する機関として、２００２年１月にスイスに設立された。Ｇ７を初めとする各国の政府や民間財団、企業など、国際社会から大規模な資金を調達し、低・中所得国が自ら行う三疾病の予防、治療、感染者支援、保健システム強化に資金を提供している。支援の対象は、１００以上の国・地域にのぼる。

3-2 マラリアにまつわる小話

●古代エジプトにもマラリアがあった

トルコの遺跡の人骨からマラリア原虫のＤＮＡが発見されています。また、エジプトで発掘されたレリーフには、古代エジプトの女王クレオパトラもマラリアにかかっていたことが記されています。このレリーフは、マラリア流行について書かれた最も古い記録です。さらに、古代中国やインドの遺跡などからもマラリアに関する記録が発見されています。

●マラリアにかかった日本史の有名人

平清盛《たいらのきよもり》の死因もマラリアであると言われています。鎌倉時代から多くの人に親しまれた、平家の全盛から滅亡までの物語を記した『平家《へいけ》物語《ものがたり》』には、比叡山の霊水で清盛の身からだを冷やしたところ、水は弾かれて、焼けたように飛び散ったと書かれています。平家物語の書き方でいうところの「熱病死」の症状は、マラリアではないかと推察されています。

●マラリアは世界中にあった

マラリアは暑い国ばかりでなく実は、ヨーロッパ各国やアメリカなどでも発生していました。ロシアでは年間の患者数が300万人に達したこともあります。アメリカでは、1930年代まで毎年10万人が感染していたという記録もあります。

日本でもマラリアは存在していました。古くから「瘧」と呼ばれており、明治から昭和初期には、全国で流行しました。明治期の北海道開拓の時、多くの命を奪ったのもマラリアです。本州では、琵琶湖のある滋賀を中心に、福井、石川、愛知、富山で発生し、福井では大正時代に毎年9000～2万2000人ほどの患者が報告されました。戦後も、アジアから帰国した元兵士たちの間でマラリアが流行しました。その後、1950年代にマラリアの流行は収束し、1963年の石垣島（沖縄県八重山諸島）のマラリア終焉記念大会で日本でのマラリア制圧が宣言されることとなります。現在、日本では、海外でマラリアに感染し、帰国後に発症する「輸入マラリア」が年間50～60例ほど報告されています。

3-3 蚊とマラリアと宇宙

近年、地球温暖化による気候変動が顕在化するのに伴って、温暖化が公衆衛生にも直接的、間接的に影響を与える懸念が強まってきました。たとえば、マラリアを媒介する蚊（ハマダラカ）の分布は気温の影響を受けやすいため、地球温暖化によってマラリア感染危険地域が拡大することが予想されるのです。そこで、国立国際医療研究センター研究所では、宇宙航空研究開発機構（JAXA）と協力して、宇宙に飛ばした地球観測衛星の情報を用いたマラリア対策研究を実施しています。具体的には、地球観測衛星から得られた地表面温度・降水量・森林面積などの情報を用いて、マラリア流行国であるラオスの気候変動や森林減少によるマラリア流行への影響を研究しています。

これまでの研究で、ラオスでは確実に温暖化が進行しており、2002年に比べ2015年にはラオス全体で平均地表面温度が1・6℃上昇していました。さらに、ラオス国内の森林面積は年々減少していましたが、一部森林が増加した地域ではマラリア患者が増加していることも分かりました。一方、都市化の進む（森林面積が減少している）首都ビエンチャンの平均地表面温度は26℃と他地域よりも高温ですが（2015年時点）、

蚊の豆知識

マラリアは流行していません。これらの調査結果から、ラオスのマラリア罹患率は、森林面積と地表面温度の影響を受けており、森林面積が多く、地表面温度が高いほど、罹患率は上昇するものと推定されています。今後、高マラリア流行地に隣接しながら、低温故にマラリアの流行が抑えられていた地域の把握および対策が重要になると考えられました。これらの立案には、媒介蚊の生息域となる森林面積も考慮に入れる必要があります。

加えて、マラリア流行地であるラオス南部では、2000〜2017年にかけて森林面積が減少しているにもかかわらず、マラリア患者数が増加していました。そこで17年間の地球観測衛星データを用いて、マラリア患者数の増加因子の推定を試みた結果、2009年以降、森林面積が増加したエリアが確認され、それらは全て0・5㎞四方に区画された人工林であることが分かりました。特に2010〜2012年、区画整理後の植林が顕著に増加し、その期間、同郡内のマラリア患者数も増加していました（2010年650名→2012年2457名）。現地観察により人工林と推定された地域の一部は、ゴムの木、サトウキビ、バナナなどのプランテーションであり、工場と宿舎も認められました。今後、媒介蚊やマラリア患者の生業などを詳細に調査し、同地域の疫学解析を進めていきます。

第4章

蚊を調べてみよう！

4-1 どうやって蚊を捕まえる？

都道府県の感染症研究施設などでは、蚊が媒介する感染症を監視するため、成虫や幼虫を捕獲し、発生状況や生息状況の調査などを日常的に行っています。その際、どのように蚊を捕まえているのでしょうか。大きく分けると、成虫の捕獲方法は、網を使用する方法とトラップを使用する方法があります。

網を使用する場合は、捕虫網（図４－１）を使います。柄の部分をもって網を振り、蚊を採集する道具です。使用の手順としては、まず、蚊がいそうなところに立ちます。人によって異なりますが、1、2分すると蚊が寄ってきます。その蚊を、網を振って採集します。前の方ばかり見ていると、首の後ろを刺されてしまうので注意しましょう。蚊に刺されないようにするためには、虫よけ剤を使用したり、長袖長ズボンを着たりして作業してください。

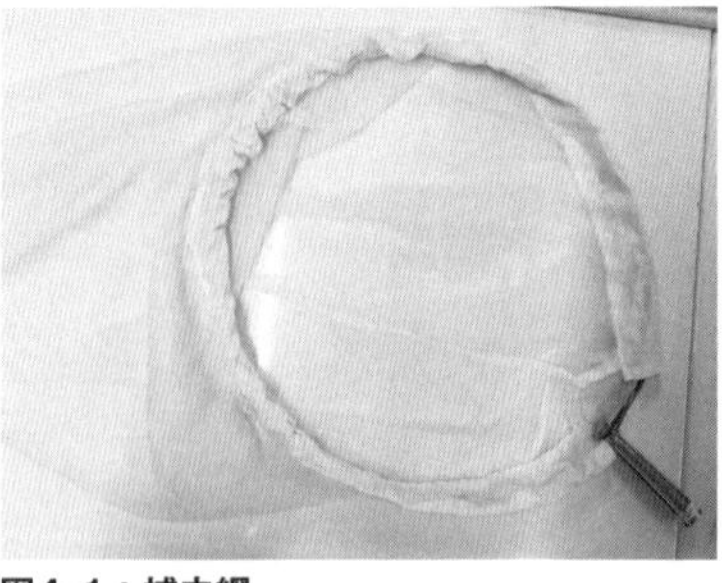

図4-1：捕虫網

捕虫網で採集した蚊は、1匹ずつ吸虫管（図4－2）で吸い、管の部分で観察することもできます。吸虫管とは、ガラス管にチューブなどの吸い口がついたもので、吸い口から空気を吸うことでガラス管の中に小さな昆虫を吸い込んで捕らえる道具です。ピンセットなどを使わず、小さな昆虫を傷つけずに採集できます。ガラス管と吸い口の間には網があり、吸い込んだ昆虫が口に入らないようになっています。

トラップで捕獲する方法には、ドライアイスや光源、誘引剤などを利用して寄ってきた蚊を捕獲する方法があります。

ドライアイスや光源を用いたトラップは、蚊が二酸化炭素や光に誘引される習性を利用したものです。これらの装置を1日程度設置し、誘引された蚊を採集します（図4－3）。この際、捕獲用の網を設置するほか、掃除機のような吸引機によって採集する方法もあります。

光源には、紫外線ランプや蛍光灯、豆電球などが使わ

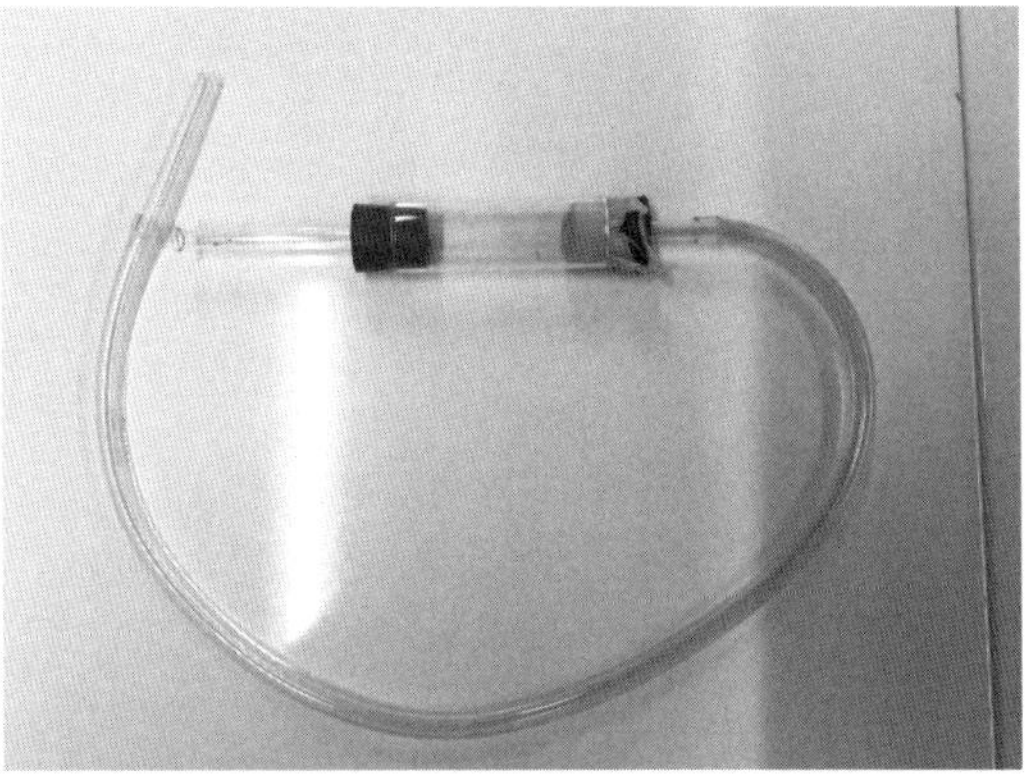

図4-2：吸虫管

れますが、なかでも、紫外線ランプや蛍光灯（ブラックライト）は、より多くの成虫を誘引すると考えられています。また、ドライアイスと光源を併用することで、より多くの蚊を採集することができます。

　これらのトラップ採集では、設置場所をどこにするのかということがとても重要です。木々が茂っている公園や植え込みのある住宅街など、成虫の潜伏場所が多い場所に設置するのがおすすめです。

　幼虫は雨水桝などからひしゃくですくい取ります。ピペット（**図4-4**）を使って、スポイトの要領で1匹ずつ採取する方法もあります。

　また、オビトラップ（**図4-5**）で成虫に卵を産ませ、採集する方法もあります。容器の中に水を入れ、そこに布を垂らしたり、木片を浮かべた

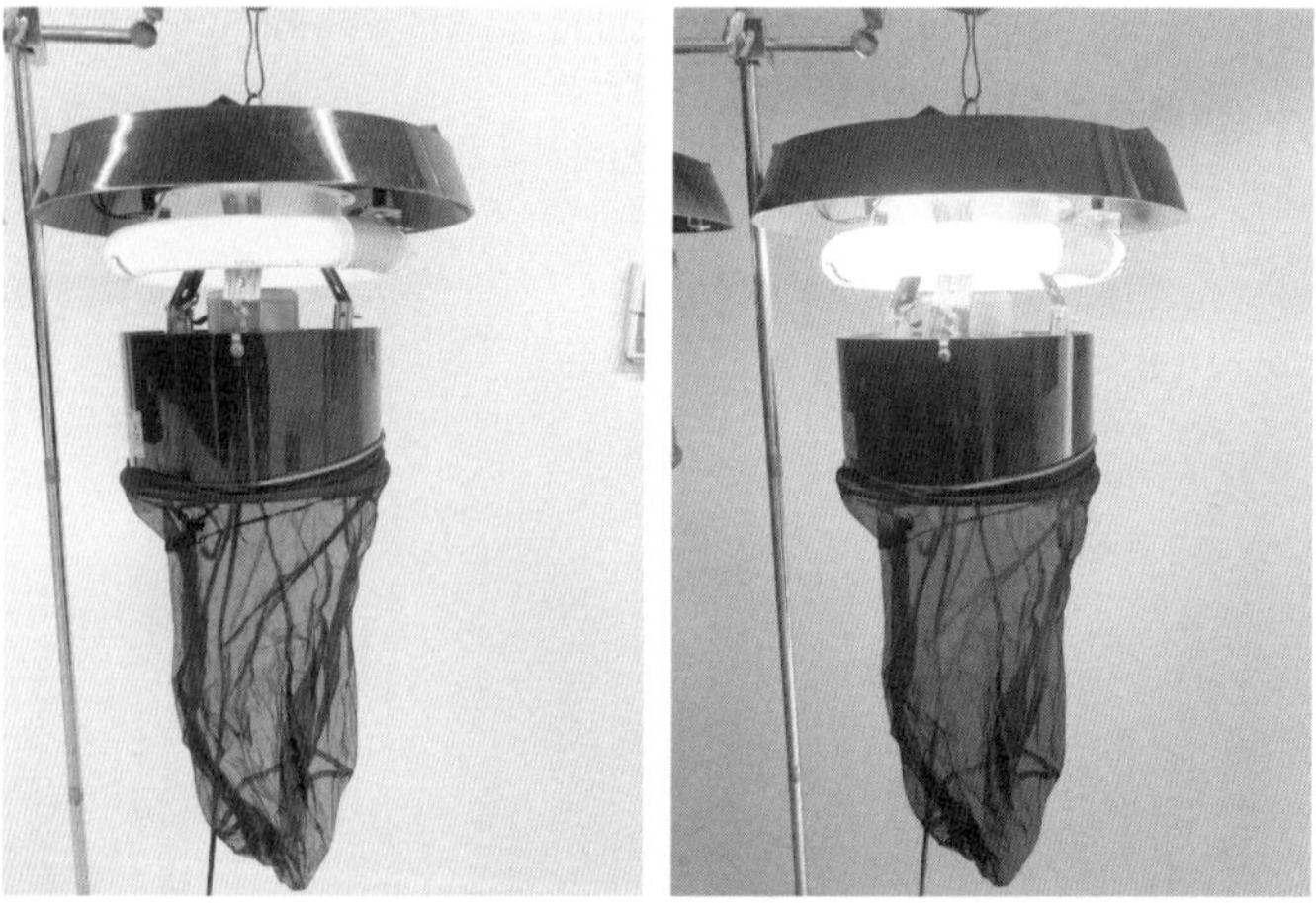

図4-3：光源を用いたトラップ

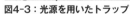

りします。それを蚊の潜んでいそうな場所に置いておくと、蚊が湿った布や木片に卵を産みます。すると、その卵から1～2日すると幼虫が生まれ、水の中で成長します。ただ、成虫の蚊がいないと卵は産んでくれないので、置く場所を選ばなくてはいけません。また、10日ぐらいで成虫になってしまうので、その前に回収しないと蚊は飛んでいってしまいますので、注意が必要です。

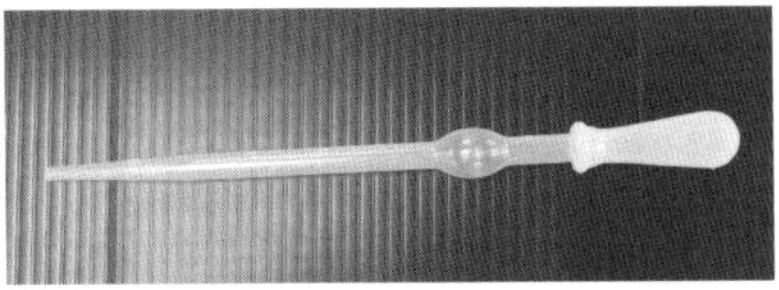

図4-4：ピペット

図4-5：オビトラップ

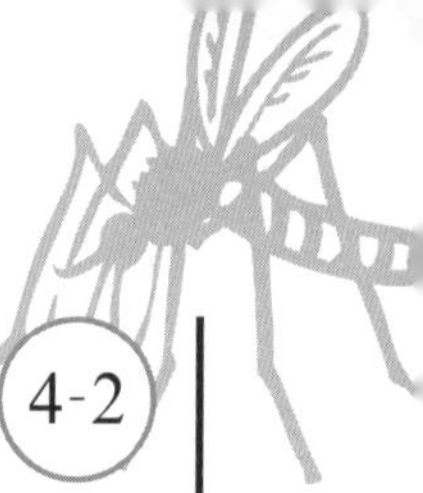

4-2 あなたも蚊を飼ってみませんか？

▼殺虫剤の試験のための蚊の飼育

「虫を飼育する」というと、カブトムシやクワガタ、スズムシ、コオロギなどを思い浮かべる方が多いと思いますが、殺虫剤を研究開発しているアース製薬では、さまざまな害虫を１００種類程度飼育しています。

なぜ、こんなにたくさんの害虫を飼育しているかというと、もちろん殺虫剤の試験に使うためです。あくまでも試験で使うことが目的なので、数さえ確保できればいいというものでもなく、左記のことも求められます。

①虫を均一の体重にすること（体重によって薬剤の効き方が違うので、体重がばらつくとデータも変わってしまうため）。

②基本的に雌を使用すること（雌の方が体重が重く、雄より薬剤に強いため）。

③試験で使用する際は、成虫になってからの日数はある程度決められて

いるため（あまり老化したものは使いません）、常に試験に使用できる日齢《にちれい》*のものをそろえておくこと。

これは、10年前も10年後も、同じ薬剤を使った場合、同じ結果が得られるようにしないといけないためです。これら3点をきちんと守り、いつも同じ状態の虫を試験で使えるように日々飼育を行っています。

さまざまな害虫の飼育のなかで、蚊の飼育は、大変な部類に入ります。それは、蚊は意外にデリケートなので、毎日世話をしないと育ってくれないこと、さらに、大量の数を飼育しているためです（幼虫と成虫で約5万匹）。

詳細は後で説明しますが、幼虫には毎日餌をあげ、成虫は週に2回餌の交換を行っています。週に2回の成虫への餌（砂糖水）の交換の際には、ケージの中に手を入れるので、刺されないように手袋は必須です。また、ケージから古い餌を出し、新しい餌を入れる時、慣れない人が行うと、蚊が逃げてしまうことがあります。しかし、飼育室の中での殺虫剤使用はご法度なので、叩くしかありません。

***日齢**…生まれてからの経過時間（日数）のこと。

第1章40頁「蚊の一生」で詳述していますが、蚊は、卵、幼虫、蛹の期間は、水の中で生息していて、成虫になると水面から飛び立っていきます（**図4-6**）。自然界と同じような状況を飼育室できっちりつくりあげるのはさすがに無理ですが、できるだけ夏の気候に近い状況を再現しています。飼育室は常に温度25〜28℃、湿度60〜70％を保っていますから、メガネをかけている人が蚊の飼育室に入ると、すぐにメガネのレンズが曇ってしまいます。日本で主に人間を刺してくる蚊は、アカイエカとヒトスジシマカですが、ここでは、アカイエカの飼育方法を紹介しましょう。

アカイエカの特徴としては、卵を卵塊で産みます。その形が舟に似ていることから「卵舟《らんしゅう》」と呼ばれることもあります。飼育では、この卵

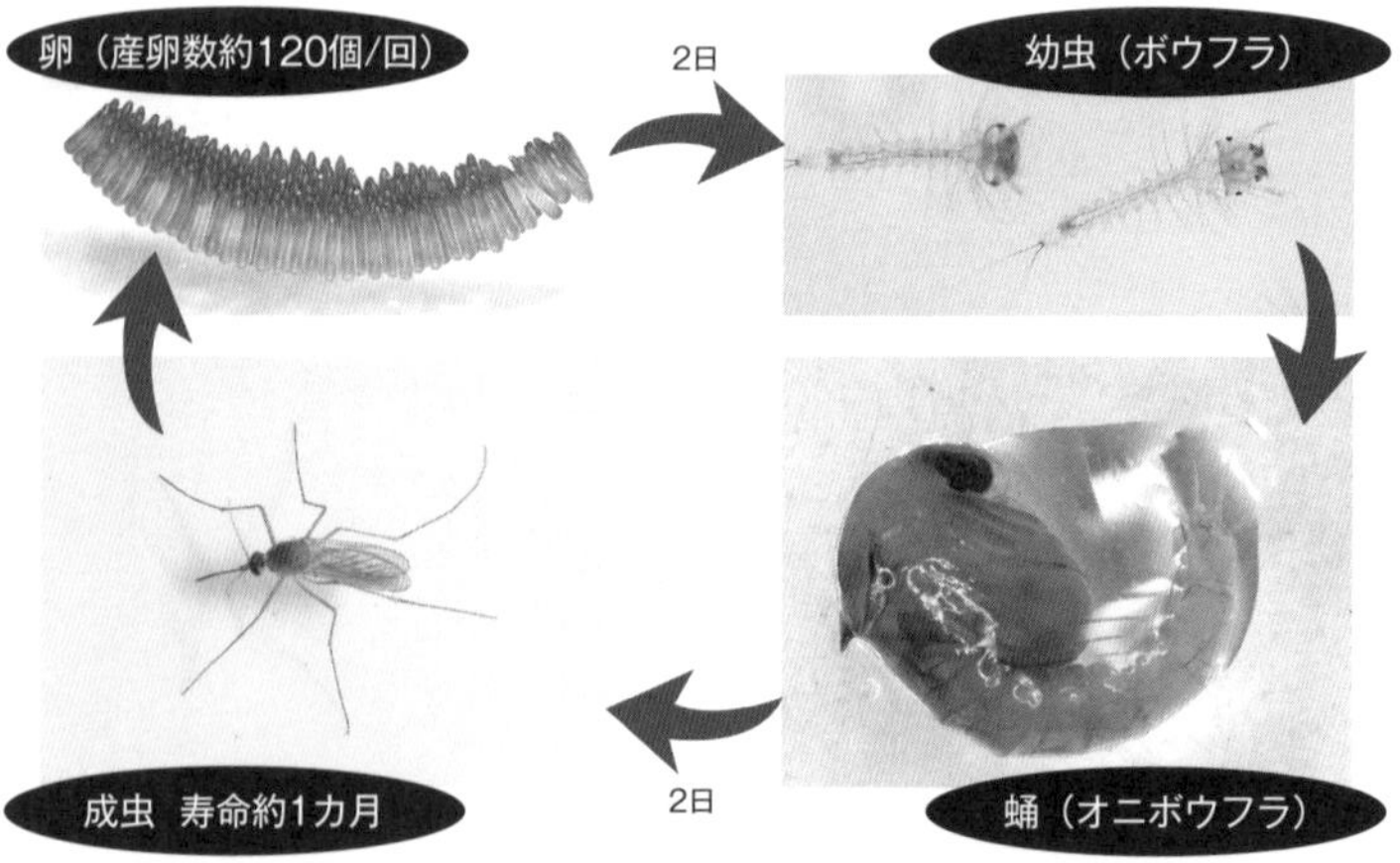

図4-6：蚊の生活史

塊を飼育容器に浮かべます。卵は乾燥に耐えれないので、すぐに飼育に使わないといけません。

ちなみに、ヒトスジシマカの場合は、水際の壁面に1個ずつ産みつけます。乾燥に耐えれるので、ろ紙に付着させた状態で保存することができます。必要な時に卵を孵化させることができるので、この点がアカイエカとは大きく異なります。

▼飼育手順

それでは、アカイエカの飼育方法を詳しく紹介していきます。飼育の条件は、日長：16L8D（16時間明るくして8時間暗くします）、温度：25〜28℃、湿度：60〜70％、エサ：成虫→5％砂糖水、幼虫→マウス・ラット用飼料と昆虫飼料を1：1に配合し、水で溶いたものとなっています。ここからは、①〜⑤に分けて手順を紹介します。

①蚊の卵を採取して水を入れたバットの中に入れる（**図4-7**）→卵の採取方法は、卵塊を一塊ずつろ紙ですくって、飼育容器の水に浮かべます。この時、おおよその目安として、2ℓの水に卵塊3個を入れます。

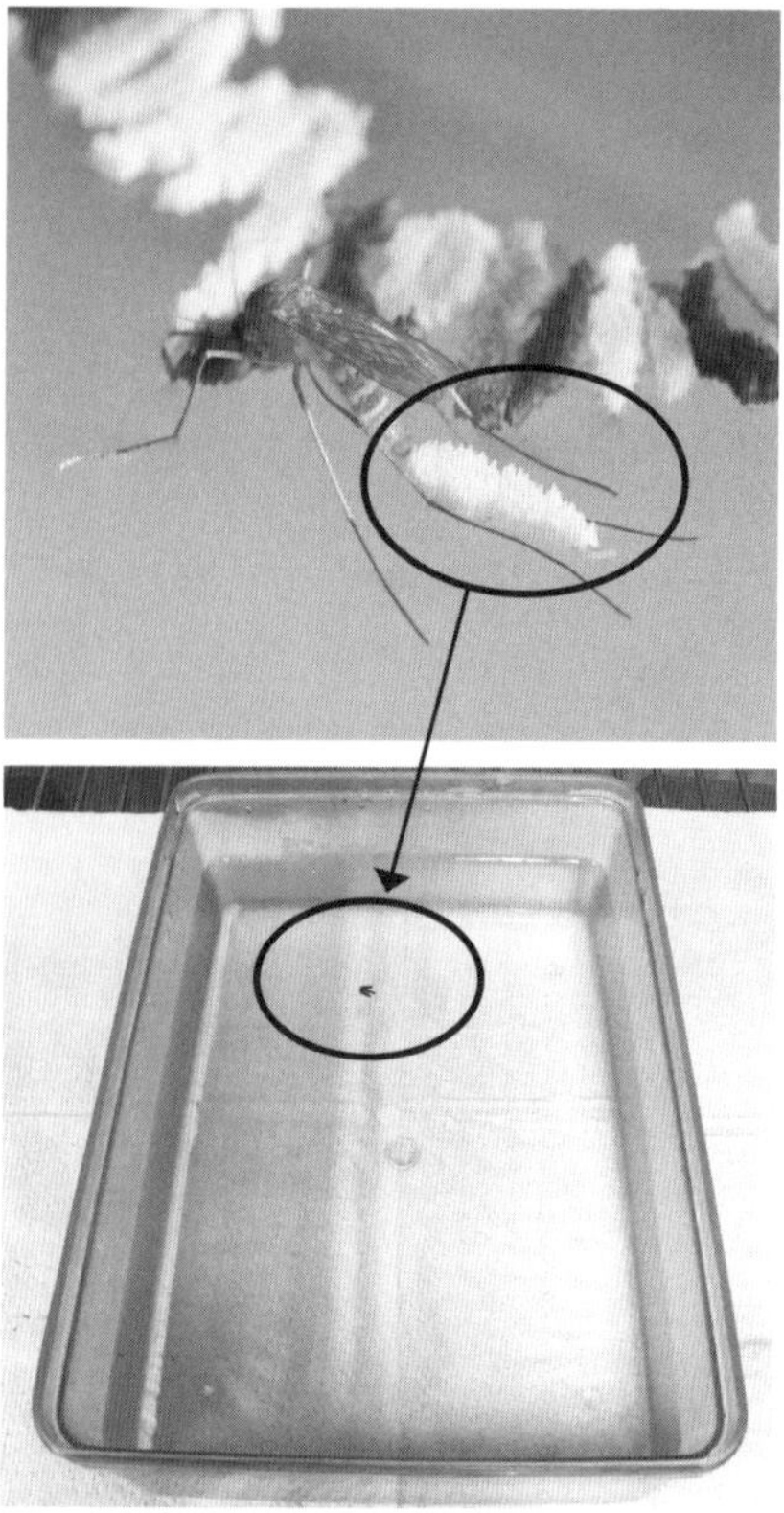

図4-7：卵の採取

②1～2日経つと孵化しているので、餌を与える（図4－8）→ボウフラの餌は、マウス・ラット用飼料と昆虫飼料を1：1に配合し、水で溶いたものを用います。

③毎日、ボウフラに餌を適量与える（図4－9）→餌は、1日1～5㎖程度スポイトで与えます。

④卵を入れてから、7日～10日後には蛹になっているので、蛹をスポイ

トで取り出し、カップに入れて成虫用ケージに入れる（図4－10）→バット の中のボウフラがほとんど蛹になっていたら、茶こしで濾して蛹を回収します。

⑤ケージへ蛹を入れる（図4－11）→おおよそ、1～2日程度で羽化します。羽化したら、砂糖水を与えます。

図4-8：孵化したボウフラ

図4-9：ボウフラへの餌やり

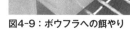

自宅で飼育を試みる場合、飼育容器は幼虫の場合は、プラスチック保存容器などを使用できます。また、成虫には、虫かごが代用できますが、上部を不織布かガーゼで覆い、蚊の逃亡を防ぐ必要があります。幼虫の餌は、市販のメダカやコイの餌を固形のまま与えても大丈夫です。このような代替品で自宅で蚊の飼育はできます。是非一度チャレンジしてみてください。

＊今回は、アカイエカの飼育方法を記載しているが、アース製薬で飼育しているほかの害虫については、『きらいになれない害虫図鑑』で紹介している。

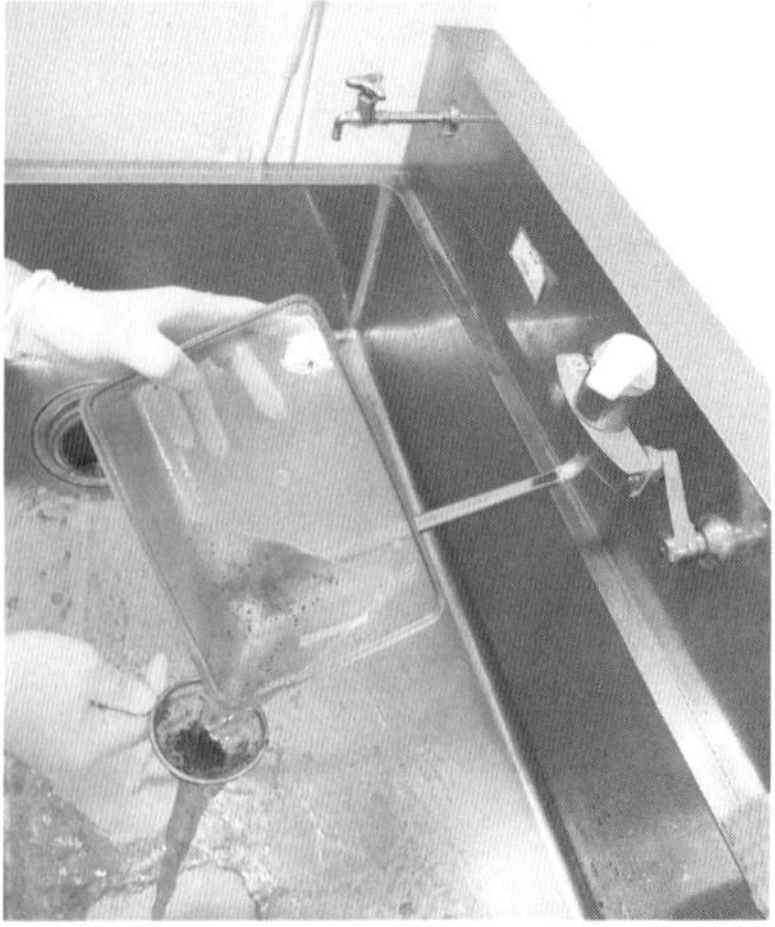

図4-10：蛹の取り出し

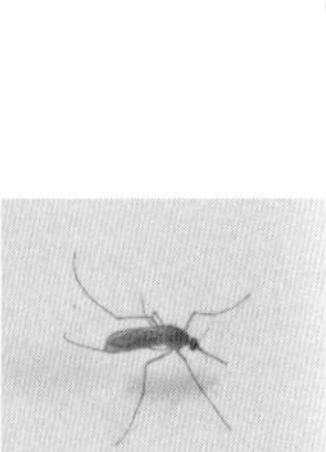

図4-11：成虫用ケージに入れた蛹と成虫

4-3 蚊に刺されやすい人、刺されにくい人

蚊は触角で、温度、湿度、乳酸を、小顎髭で二酸化炭素を感じて、人や動物へ吸血のために近づきます。まず、遠距離から二酸化炭素濃度のわずかな勾配や、人などの動物のにおいを感知して、濃度が濃い方へ近づきます。近距離から熱の対流、皮膚や呼気から出る水分を感じ、複眼による視覚によっても、形や大きさを確認し、濃い色、暗い色を好んで近づき、アミノ酸、イソ吉草酸《きっそうさん》＊（メチルブタン酸）、皮脂といった化学物質も感じています。では、蚊に刺されやすい人、蚊の誘引要因について説明しましょう。

▼皮膚の表面温度が高いと刺されやすい

蚊が刺すのは皮膚で、皮膚の表面温度が高いと、蚊に刺されやすくなります（図4－12）。高熱が出ている人の肌に触れると熱いように、体温が高いと皮膚表面温度も高いと言えます。皮膚表面温度が32～34℃程度の被

＊**イソ吉草酸**…天然物として多くの植物などに見られる脂肪酸で、人、足の裏のにおいの原因物質。

験者の片方の腕を湯で温め、他方の腕を氷水で冷やして、蚊の降着実験をすると、温度が高い人の前腕が蚊に刺されやすい傾向にありました。従って、平熱が高い（体温が高い）人は、蚊に刺されやすいと考えられます。腹部の温度が高い妊婦はガンビエハマダラカ（口絵e）に刺されやすかったという報告もあります。筆者の周囲でも、妊婦で蚊に刺されやすい人、逆に、冷え性の人、手足が冷たい人で蚊に刺されにくい人がいました。

▼東洋医学の「実証型」が刺されやすい

筆者が被験者に体質のアンケートをとり、東洋医学の「実証型《じっしょうがた》（病気に対する抵抗力が旺盛《おうせい》で体力がある）」、「虚《きょ》証型《しょうがた》（病弱で体力がない）」について分析したところ、やや「実証型」が刺されやすく、「虚証型」が刺されにくい傾向にありました。「活動的、筋肉質で汗をかきやすい」実証型の人が蚊に刺されやすく、「冷え性で体温が低く、やせ型であまり汗をかかない」虚証型の人は蚊に刺さ

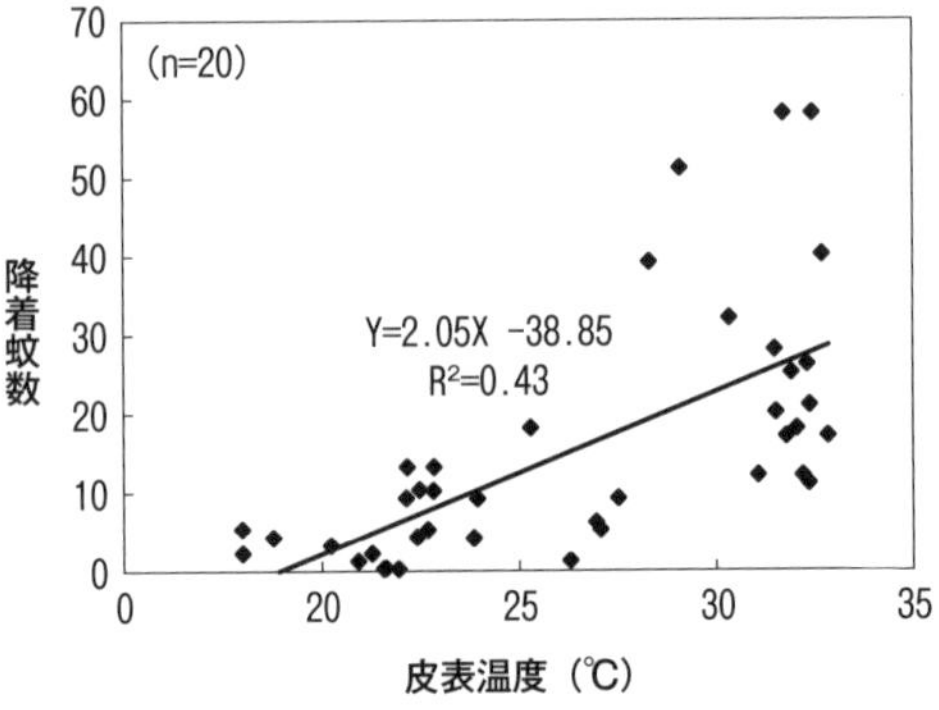

図4-12：皮表温度と降着蚊数

れにくい傾向があると考えられます。

▼皮膚の水分量が多いと刺されやすい

実験の結果、皮膚角質の水分含有量が多い人（皮表コンダクタンスの値が大きい人）ほど、蚊に刺されやすいという結果が見られました（**表4-1**）。従って、肌がみずみずしい人、やや汗かきの人は蚊に刺されやすいということになります。一方、汗は体温を下げるために出るので、汗を大量にかいた状態になっている時は、皮膚が冷たくなって蚊に刺されにくくなると考えられます。

▼血液型ではO型が刺されやすい

被験者64名による実験の結果、O＞B＞AB＞Aの順に刺されやすく、O型とA型の間で有意差が見られ、O型はA型よりおよそ1・7倍刺されやすいと考えられました（**図4-13**）。一方、血液型といえども皮膚上にある血液型物質は、分泌型の人（非分泌型の人もいます）が極めてわずかに抗原を有しているだけで、これを蚊が感知しているとは考えにくいです。

	降着が少ない前腕	降着が多い前腕	df	t	P※
皮表コンダクタンス（μS）	84.21 ± 14.78	102.8 ± 17.3	9	2.576	<0.05
降着蚊数	3.18 ± 2.45	4.62 ± 3.93	9	4.513	<0.01

※a paired t-testによる

表4-1：皮表コンダクタンスと降着蚊数

従って、血液型に起因する体質の違いが、皮膚表面温度や、活発さの違いによる二酸化炭素排出量の違いなどに現れ、ほかの誘引要因の差となっているのではないかと考察しています。蚊の誘引要因が複数あるため、O型が刺されやすくA型が刺されにくいということが、多くの人に必ず当てはまるわけではありません。

▼太り気味だと刺されやすい

体脂肪量が多い、体重が重い、前腕の体積が大きい人も蚊に刺されやすい傾向があり、太り気味の人が蚊に刺されやすいと言えるようです。

▼飲酒後は刺されやすい

ビールを飲む前と飲んだ後で、蚊の降着数を比較した結果、飲んだ後に蚊に刺されやすくなりました。アルコールを摂取することで、脈拍数が多くなって呼気の二酸化炭素量が増えること、炭酸飲料の場合は、飲料や口

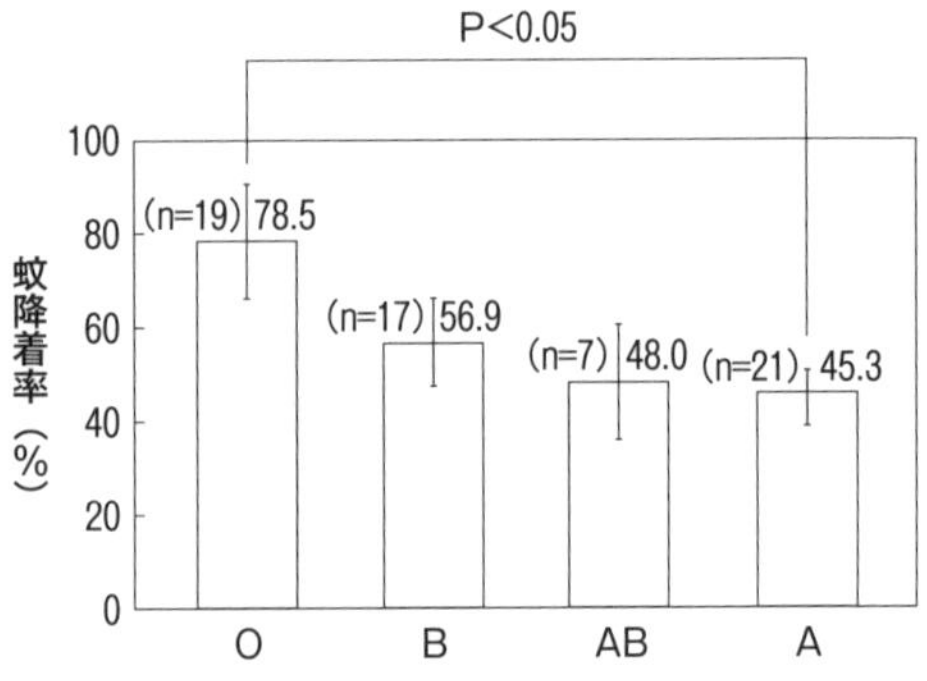

図4-13：血液型と降着蚊数

から二酸化炭素が多く出ることなどが原因として考えられました。

▼肌の色が濃い人が刺されやすい

ネッタイシマカを使った実験で、ネグロイド（黒人）＞モンゴロイド（黄色人）＞コーカソイド（白人）の順に刺されやすく、色黒の手が刺されやすかったという報告があります。蚊は、黒、青、濃い赤などの濃色を好むことからも、日焼けした人など皮膚の色が濃い（黒い）人が、蚊に刺されやすいと考えられます。

▼蚊に刺されやすい身体の場所

下着だけ着用した被験者が入った蚊帳の中にヒトスジシマカを放し、蚊が被験者のどこを刺したか調べたところ、立った状態でも仰向《あおむ》けに寝た状態でも、足首より下の足が最も刺されやすく、次に手、顔が刺されやすいという結果になりました（図4-14、図4-15）。筆者が行った実験で、足のにおいであるイソ吉草酸が、特定の濃度で蚊を誘引したことから、汗でやや湿っていてイソ吉草酸を発している足が刺されやすく、手の場合は手汗に含まれる水分や乳酸によって、顔の場合は皮脂や口からの呼気に含まれる二酸化炭素によって、蚊を誘引していると考えられます。

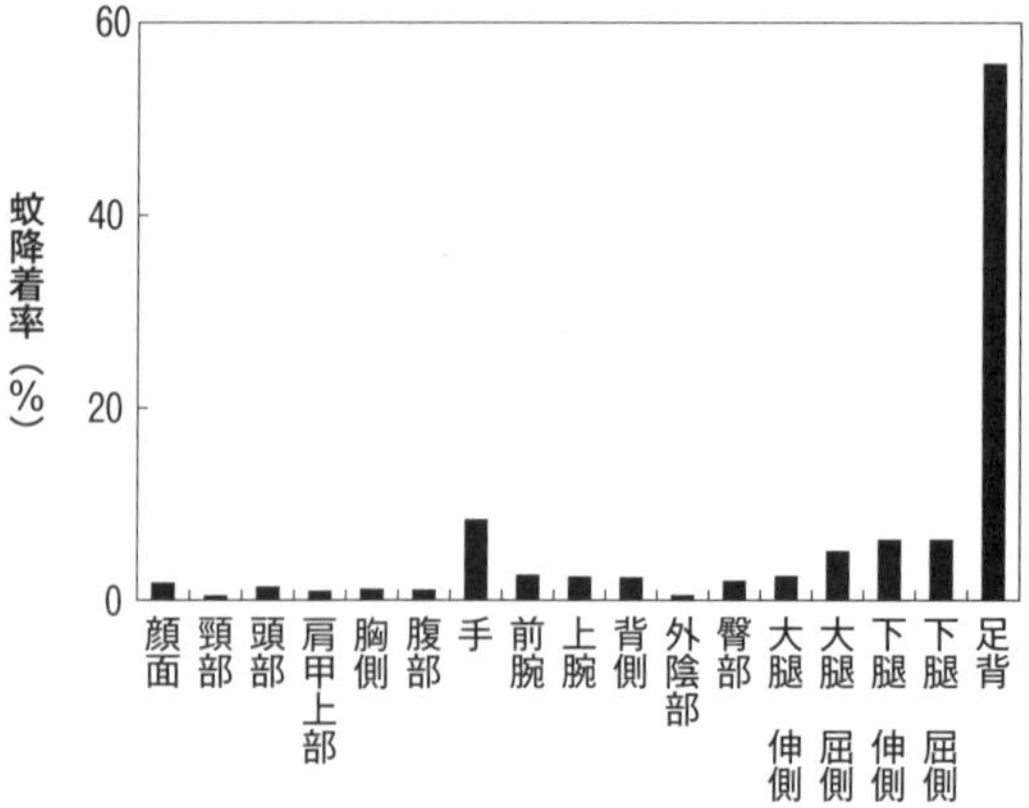

図4-14：蚊に刺されやすい身体の場所（立った状態）

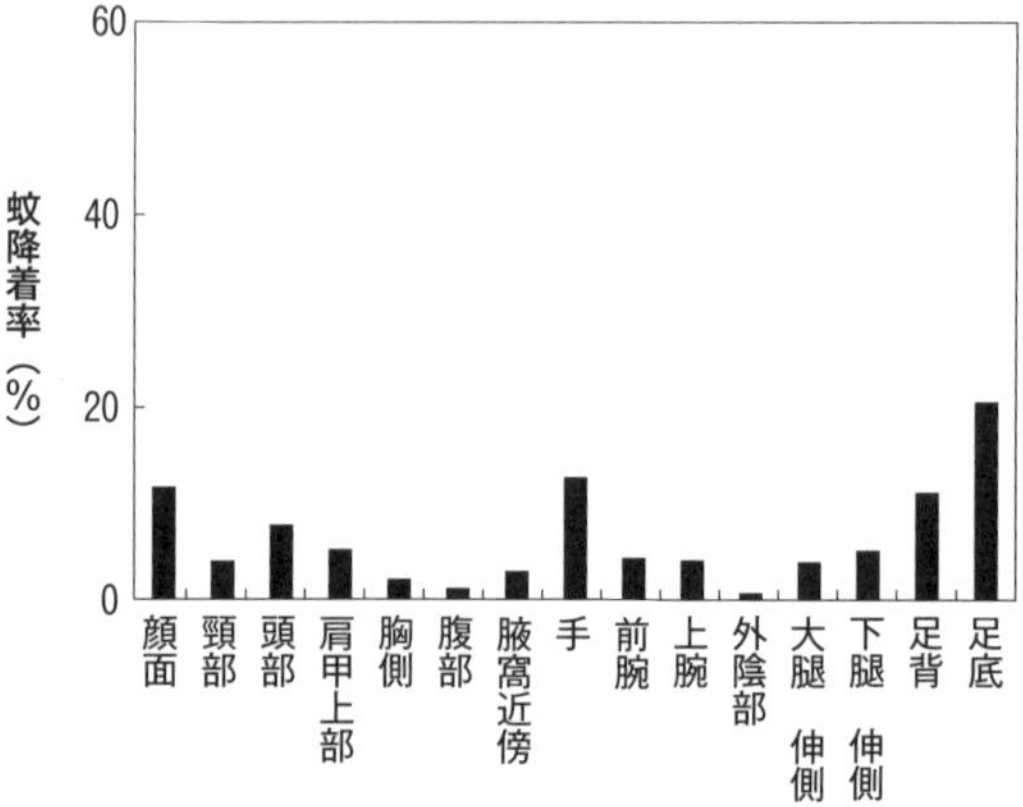

図4-15：蚊に刺されやすい身体の場所（仰向けに寝た状態）

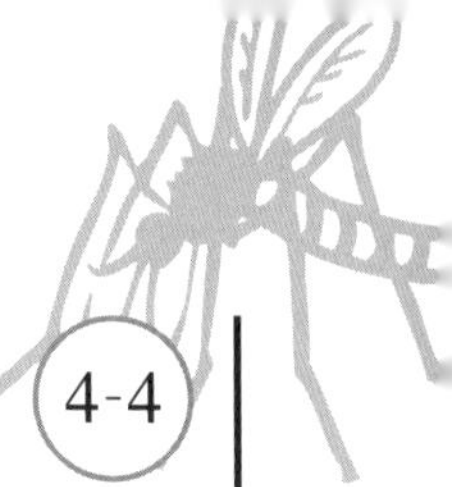

4-4 蚊に刺されるとなぜ痒くなる? なぜ腫れる?

人が蚊に刺されると、蚊の唾液に対してアレルギー反応を起こし、赤く腫れたり痒くなったりします。こうした皮膚反応（皮膚症状）は、実は人によってさまざまです。ある若い親子では、母親が「この子ばかり蚊に刺されるし、痕が赤く大きく腫れて長く残る」と言います。また、ある祖母と孫では、祖母は「うちの庭には蚊は1匹もいない」と言いますが、孫は「祖母の家の庭にいると蚊に刺されて大変」と言います。このような皮膚反応の個人差は、各個人の過去に蚊に刺された頻度や、刺された蚊の種類によって生じることがよく知られています。

▼即時反応と遅延反応

各年齢層にわたる男女百数十人を対象に、ヒトスジシマカを使って行われた刺咬実験があります。用いた蚊は病原体などをもっていない、清潔な環境で飼育された蚊であることは言うまでもありません。1匹ずつ吸虫管に入れて被験者の皮膚にあてがい、十分に蚊が血を吸うのを確認して、その後の皮膚症状を観察しました。その結果、蚊刺《ぶんし》反応には大きく分けるとふたつの反応、「即時反応」と「遅延反応」とがあることが分かったのです。

即時反応は、刺されてから30分を炎症のピークとして1~2時間で消退する反応で、皮膚症状は刺された部位を中心とする膨疹《ぼうしん》(蕁麻疹《じんましん》型の皮膚反応)、それを囲む紅斑《こうはん》で激しい痒みを伴います。

遅延反応は、刺されてから7~8時間後に皮膚に軽い浸潤と痒みを伴う紅斑を生じ、24時間から48時間を反応のピークとし1週間前後で色素沈着を残して消退する反応です。紅斑には水疱《すいほう》を伴うこともあります。

これらの皮膚反応を人によって分けてみると、即時反応のみが現れる人、遅延反応のみが現れる人、両方の反応を示す人、蚊に刺させてみても何ら反応を示さない人と、4つに分類されることが分かったのです。

これらの反応と年齢を重ねてみると、年少者であまり過去に蚊に刺されたことのない人は遅延反応しか示しませんでした(図4-16)。5~6歳以上になり、過去に蚊に刺された頻度の高い人では、最初に即時反応を示し、30分をピークに一旦消退ないし反応の減弱を示しますが、7～8時間後に再び赤く腫れはじめ遅延反応がつづきます。つまり即時反応と遅延反応の両方を示すのです（図4－17）。さらに、刺された頻度が多い21～40歳までのグループでは、多くの人が刺されて短時間で消える、即時反応のみを示しました（図4－18）。蚊の多い地域で育った人、あるいは41～60歳までのグループでは、その2割を越す人が蚊に刺されても冒頭で紹介したエピソードの祖母ように何ら反応を示しませんでした（図4－19）。この実験後に、生

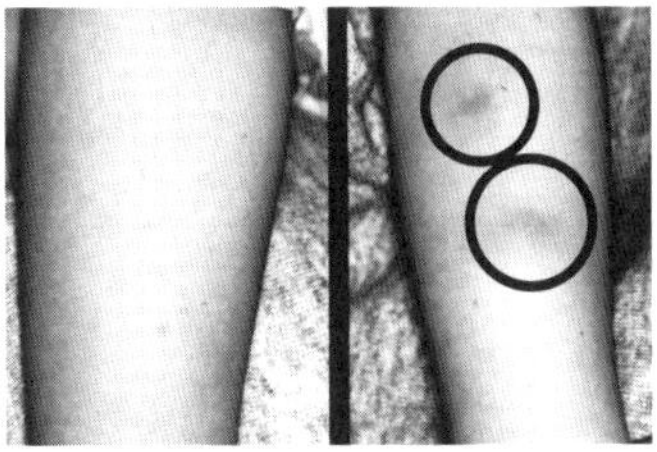

図4-16：Stage2（3歳男児）
左／刺咬30分後：無反応　右／刺咬24時間後：紅斑

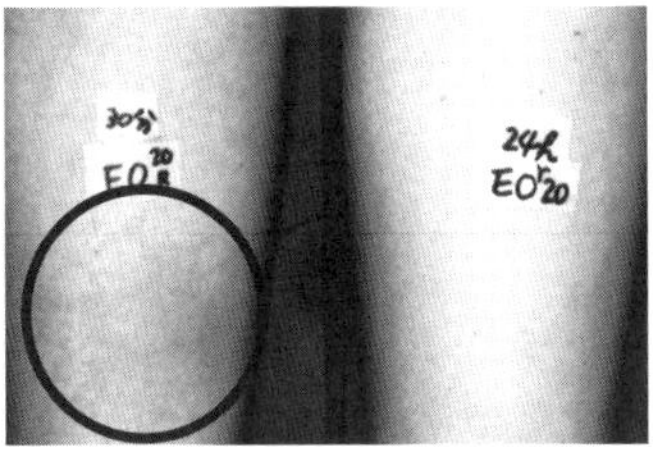

図4-18：Stage4（20歳男性）
左／刺咬30分後：膨疹　右／刺咬24時間後：無反応

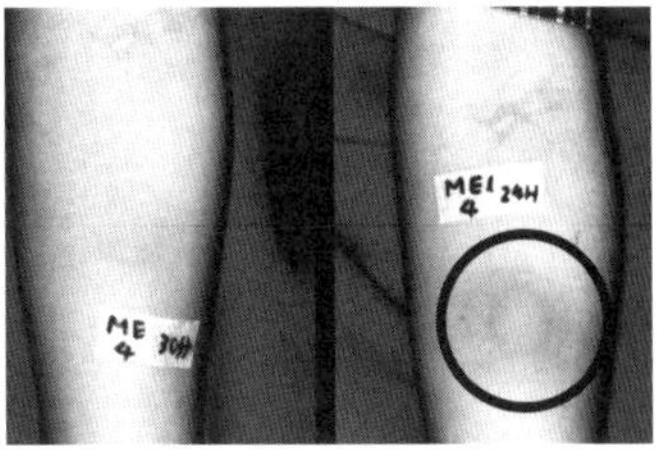

図4-17：Stage3（4歳男児）
左／刺咬30分後：膨疹　右／刺咬24時間後：紅斑

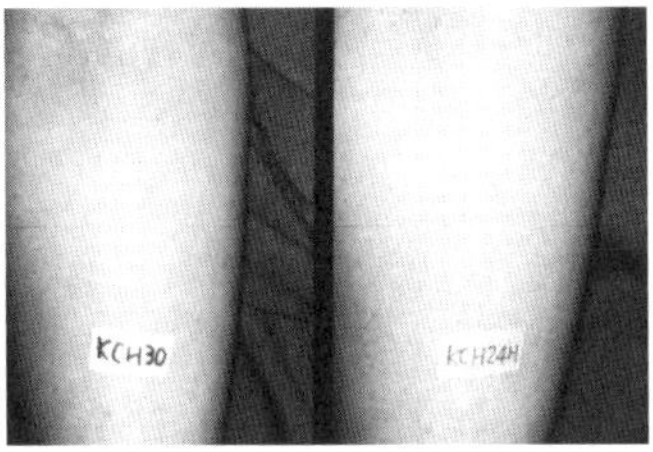

図4-19：Stage5（30歳女性）
左／刺咬30分後：無反応　右／刺咬：24時間後：無反応

後ほどなく、蚊に刺されたことのない乳幼児に対して、同種の蚊で刺咬実験を行ったところ、蚊刺に対して何ら反応を示さないことが分かりました。

結果として、蚊刺反応は無反応（Ｓｔａｇｅ１）、遅延反応（Ｓｔａｇｅ２・図４–16）、即時反応と遅延反応の両方（Ｓｔａｇｅ３・図４–17）、即時反応のみ（Ｓｔａｇｅ４・図４–18）、無反応（Ｓｔａｇｅ５・図４–19）と変遷していくことが分かりました（**図４–20**）。これらの事実は、イギリスの学者メランビーらにより、１９４６年にすでに実証され報告されており、実験はそれを裏づける結果となりました。

Stage1　無反応
↓
Stage2　遅延型反応（Th1 型）のみ
↓
Stage3　遅延型反応（Th1 型）と
即時型反応（Th2 型）
↓
Stage4　即時型反応（Th2 型）のみ
↓
Stage5　無反応

図4-20：蚊刺されによる皮膚反応の変遷
Stageと蚊唾液腺抗原に対するIgE抗体との相関を示す。

▼即時反応、遅延反応の発症機序

次の疑問は、即時反応はどのような機序によるものか、ということです。日本皮膚科学会、日本アレルギー学会専門医の岡《おか》恵《けい》子《こ》氏によると、ヒトスジシマカの唾液抗原を分離し、各グループの抗体値を調べた結果、即時反応を示す個人の唾液抗原に対する特異的IgEは高値を示し、両者には高い相関があることが分かりました（**図4－21**）。そのため、蚊刺反応の即時反応は即時型アレルギー反応（Th2型反応）であると推定しました。

同じく、各グループに対しヒトスジシマカ唾液腺抗原を用い、リンパ球刺激試験を行った結果、遅延反応を示したグループと同試験の結果は高い値を示しました。その結果をもとに蚊刺反応の遅延反応は遅延型アレルギー反応（Th1型反応）であると位置づけました。

冒頭で紹介した親子のエピソードでは、蚊に刺されると「子どもの方が反応が激しく、長くつづく」と言うことでした。刺咬実験では、蚊刺反応の遅延反応である紅斑（図4－16参照）は年齢とともに減弱することが分かりました。すなわち、蚊刺に対し幼児期には強い反応を示しますが、その後に繰り返される蚊刺によって、この反応は減弱するのです。

		蚊唾液腺（SG）抗原に対する IgE 抗体値			
		0または1	2	3または4	
即時型反応の強さ（紅斑の大きさ）	－	11（100%）	0	0	11名
	＋	6（23%）	10（38%）	10（38%）	26名
	++	4（13%）	3（10%）	23（77%）	30名
		21名	13名	33名	

図4-21：即時反応とSG特異IgE（ELISA）
縦軸に即時型反応の強さ（紅斑の大きさ）を示し、横軸には蚊の唾液腺（SG）から抽出した抗原に対する免疫グロブリンE（IgE）抗体値を示す。

ドイツから観光で来日した若い婦人が京都の寺を参拝後、露出部位の下腿に大きな紅斑を生じ、1週間も持続しました。その婦人にとって日本の蚊はドイツの蚊と種類を異にし、かつて刺されたことがない種類でした。最初は無反応でしたが、繰り返される刺咬により次第に遅延反応を示すようになりました。そして、その皮膚反応は幼児型であり、大きな紅斑が長くつづいたのです。このことは蚊の種類によって、また刺された個人の、それまでの刺咬頻度によっても皮膚反応は異なることを示しています。

一連の蚊刺実験は30年前に施行されたものですが、最近、30年後にどのように変遷したかを、実験に参加した内の10人に対し追試しました。その結果、1人はＳｔａｇｅ２（遅延反応のみ）からＳｔａｇｅ３（遅延反応と即時反応）に。３人がＳｔａｇｅ３からＳｔａｇｅ４（即時反応のみ）に変わっていました。さらに残りの６人はＳｔａｇｅは３で変わりませんでしたが、遅延反応の強さは減弱していることが分かりました。この実験により、蚊刺反応は年を経ることで図４－20のように変遷するものの、その程度には個人差があると言えるでしょう。

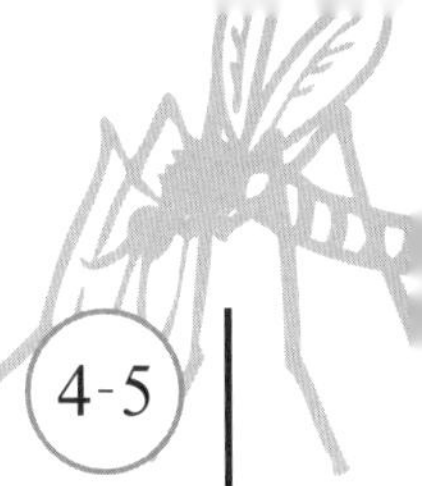

4-5 できるかな？ 蚊の解剖

▼蚊の体をひもとく

蚊媒介感染症の伝搬について調べるためには、あのからだの小さな蚊を解剖する必要があります。解剖は蚊という生物と向き合う大事な時間、わくわくすると同時にちょっと緊張もする、基本の仕事です。蚊の解剖は専門的な技術や知識が必要ですが、ここでは簡単に紹介します。

解剖するのはすべて雌の蚊です。蚊の解剖の目的は多々ありますが、「蚊のフィラリア感染率」、「マラリア原虫への感受性」、「交尾回数」、「寿命（産卵回数）」、「マラリアのスポロゾイト保有率」などを調べます。

まずは、直径0・5㎜ほどの細い針を細い小さな棒の先につけて解剖針を2本つくります。それを両手にもって、実体顕微鏡の下に1滴の生理食塩水を垂らしたスライドを置きます。そこに、冷凍庫に一瞬入れる、クロロホルムをかがせる、といった方法でおとなしくさせた蚊を1匹、ピンセットでていねいに横たえます。そしてそこから、目的に応じて次のような解剖を行っていきます。蚊のからだの注目する場所は、胃、唾液腺、貯精嚢、卵巣です（図4-22）。ここからは、どのようにして、何を観察するかについて解説していきます。

▼フィラリア感染率

フィラリアが蔓延している地域で蚊を採集し、それらの蚊がどれくらいフィラリア幼虫をもっているかを調べます。特に、感染幼虫の存在を見ることで蚊の感染伝搬能力が分かります。

フィラリアの幼虫は蚊の全身にいる可能性があるので、まず、蚊の体を頭、胸、腹、翅、脚に分けます。この段階で幼虫が出て

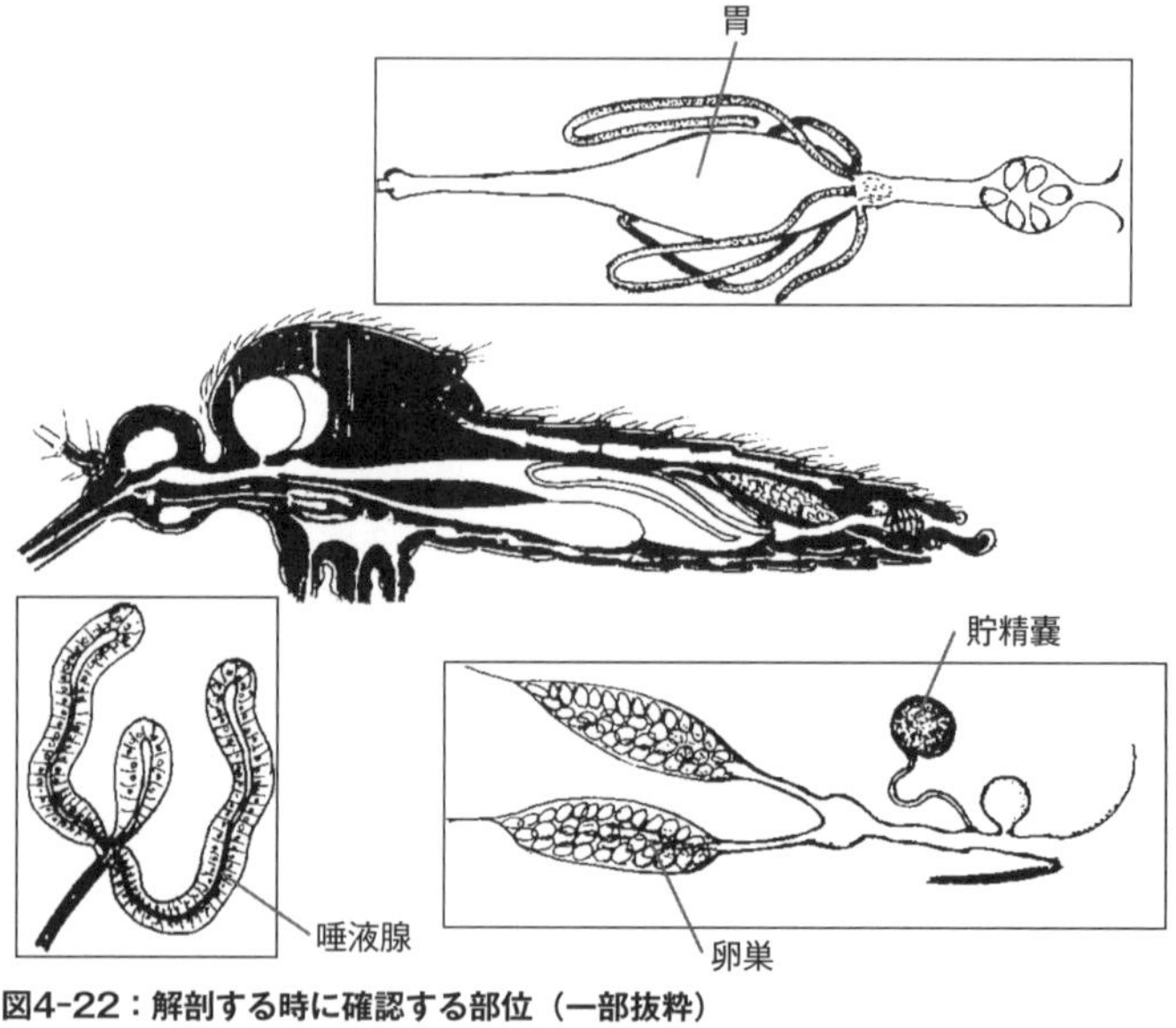

図4-22：解剖する時に確認する部位（一部抜粋）

くることもあります。次に、それぞれの部分を両手の針を使って細かい断片にします。そして少し置いて、水滴の中に泳ぎ出てくる幼虫がいないかを確認します。その際、胸の部分から、筋肉にいる2期幼虫（ソーセージステージ）が見つかることもありますす。感染幼虫を探す際は、頭部に気をつけて観察することが大切です。口吻の先から、にょろにょろと出ていることもあります（図4-23）。

▼蚊のマラリア原虫への感受性

マラリアを媒介する蚊の種類を特定したり、蚊のマラリア原虫を運ぶ能力を調べたりするには、まず、蚊の体内でマラリア原虫が発育できるかを観察します。それには、実験的に吸血させた蚊の胃袋の壁にできるマラリア原虫のオーシストを数えます。

手順としては、翅と脚を外します。そして、蚊の

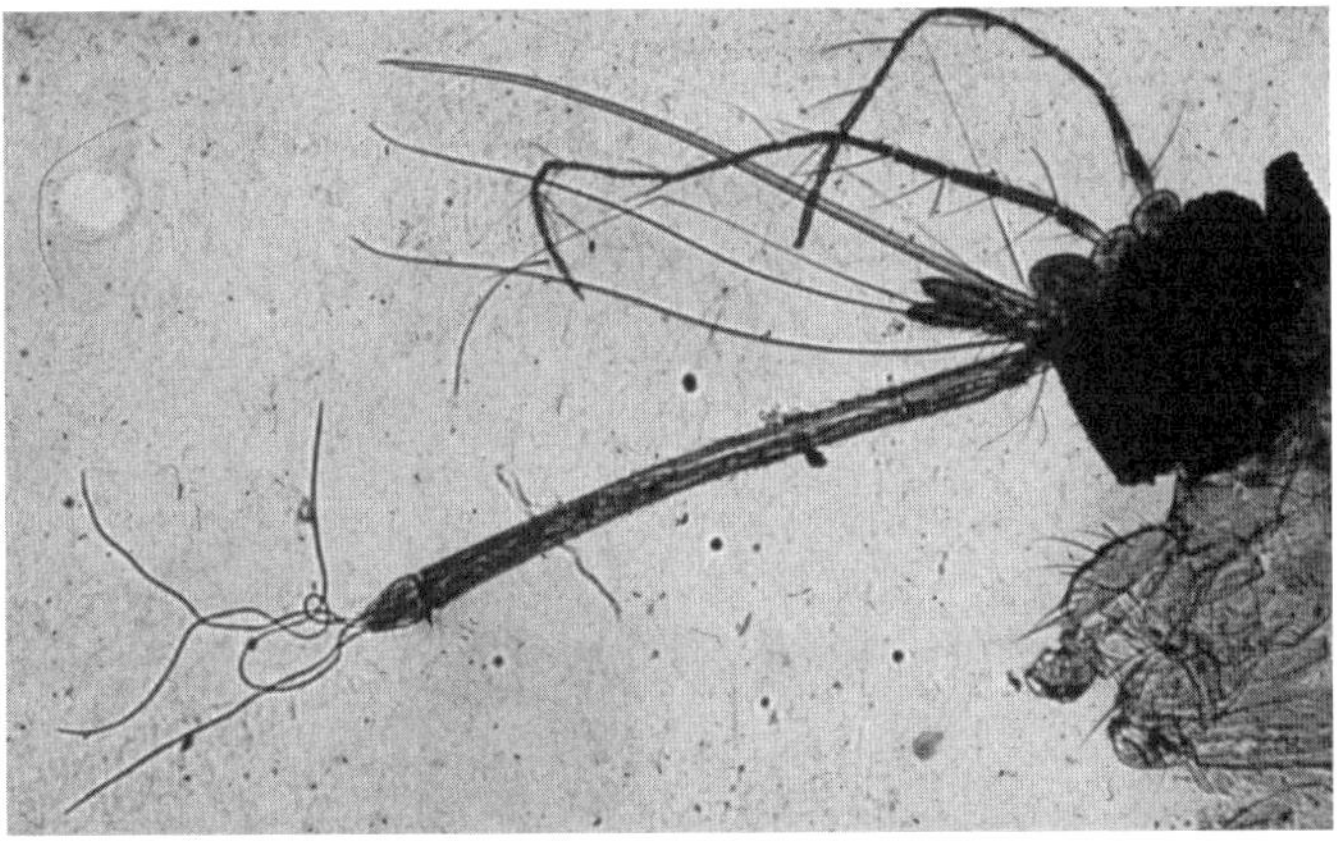

図4-23：蚊の口吻から出ているフィラリア感染幼虫

胸と腹を針で左右に引っ張ると、胃袋が出てきます。その周りに見える丸いものがオーシストです（図4－24）。蚊の内臓のなかでも胃袋は大きいので、解剖は比較的簡単です。

▼マラリアのスポロゾイト保有率

蚊のマラリアスポロゾイト保有率を調べることによって、実際のマラリアの伝搬が確認できます。そのためには、雌の蚊の唾液腺からスポロゾイトを検出します。スポロゾイトは蚊の胃にできたオーシストから放出され、蚊の唾液腺に集まっています。そのため、蚊の吸血の際に、唾液と一緒に吸血相手へ侵入して感染します。

解剖では、まず蚊の翅と脚を取り除いてから、胸を押さえて頭をそっと引きます（図4－25）。すると小さな透明の唾液腺が出てきます。ほかの部分は脇に寄せて、唾液腺を崩すようにしてカバーグラスをかけます。そして、それを顕微鏡に移してスポロゾイトを観察します。

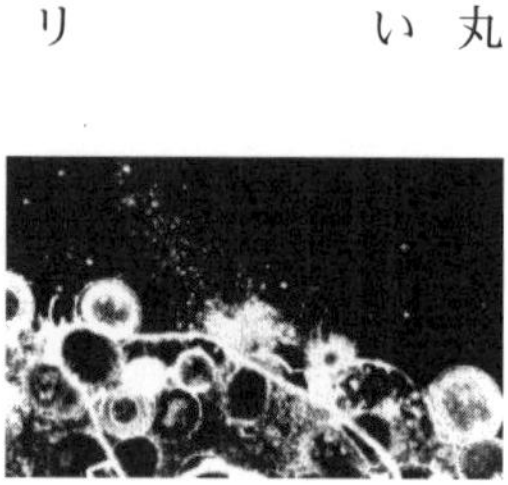

図4-24：蚊の胃壁のマラリア原虫オーシスト

▼交尾の確認

交尾を確かめるには、雌の貯精嚢を取り出し、精子の有無を調べます。

解剖は、雌の腹部末端に針を刺してそっと引くと小さな丸い貯精嚢が出てきます（図4－26）。それだけを取り出してカバーグラスをかけて顕微鏡で観察します。貯精嚢から精子が出てくることが確認されたら、交尾を行っているということです。ちなみに、蚊は羽化してすぐに交尾をしますが、雌はこの生涯一度きりの交尾で得た精子を貯精嚢に貯めておき、産卵のたびにその精子を使って輸卵管を通る卵を授精させています。

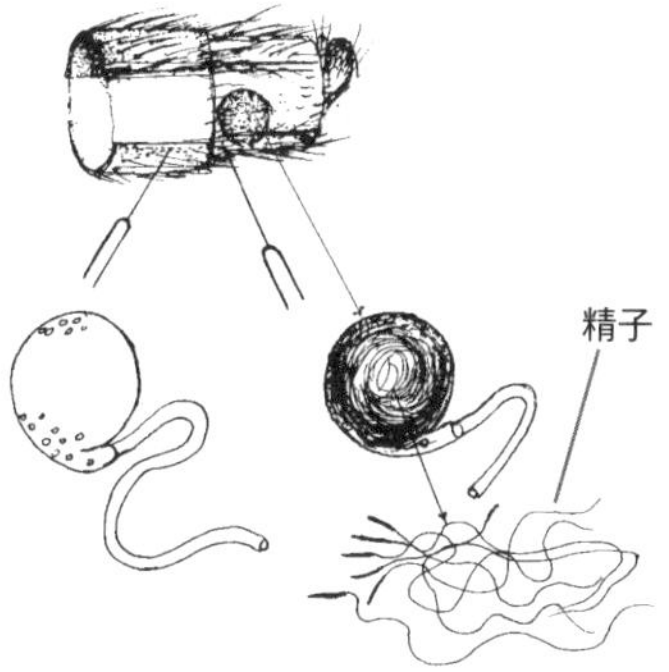

図4-26：貯精嚢の観察で交尾を確認

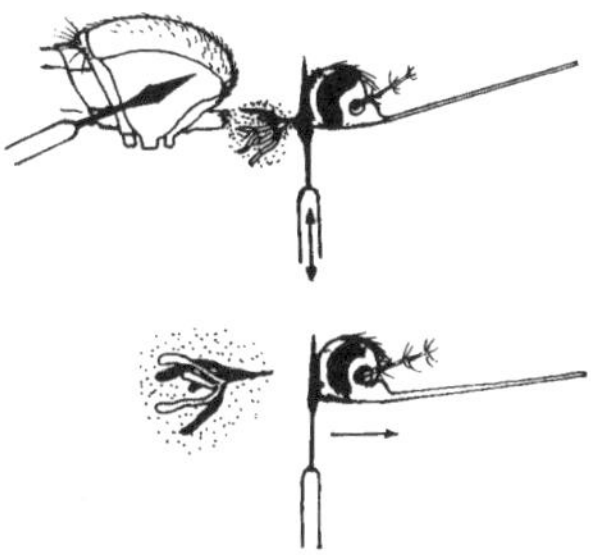

図4-25：唾液腺の観察方法

▼産卵経験と寿命の確認

野外採集の蚊の寿命を知るためには、蚊の卵巣を取り出して、そこに残る産卵の跡の数を数えます。

この場合は、まず蚊の翅、足と頭を取り除き、片方の手の針で胸を押さえて、腹部のお尻の先にもう片方の手の針を刺し、静かに引きます。すると、ふたつの卵巣が出てきます。卵巣は卵のもとになる濾胞の集まりです。卵巣の気管支末端がコイル状になっていれば産卵したことのない印です。産卵経験があればコイルは見られません（図4－27）。

コイルのない卵巣が確認された場合は、その卵巣を細かく裂くようにほぐして濾胞を1本取り出します。濾胞には、前の産卵の後に残った古い濾胞の膜が塊になって付着しています（図4－28）。蚊の雌はおよそ3日おきに吸血と産卵を行うので、濾胞の産卵跡を数えることで寿命が分かるのです。

蚊は、羽化をしたばかりの時は病原体（たとえば

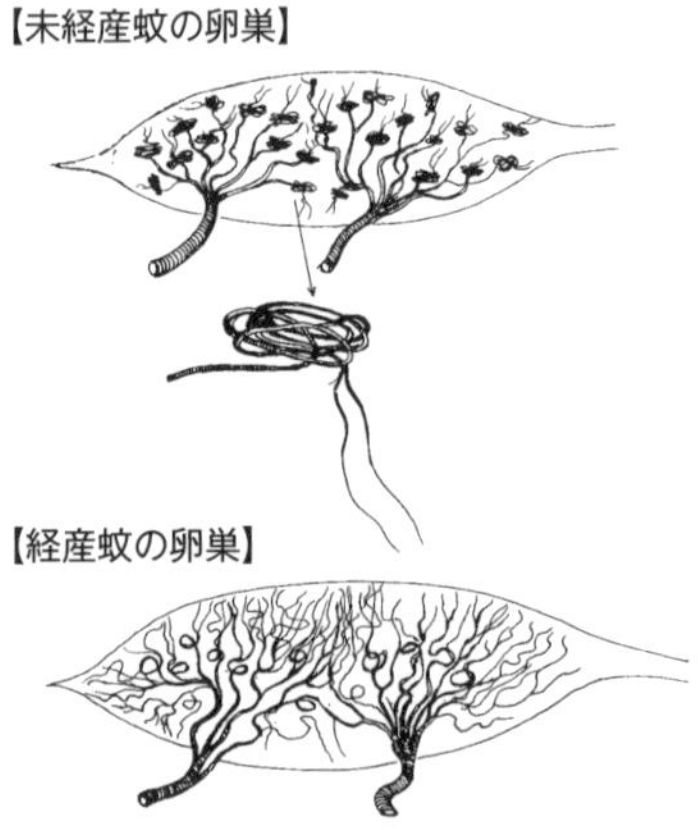

図4-27：卵巣の観察で産卵経験を確認

マラリアやフィラリアなど）をもってはいません。しかし、吸血した時に、もし人が病原体をもっていたらそれを取り込んでしまいます。そしてその後、産卵、また吸血、産卵を繰り返すことで、病気の伝搬が起こります。すなわち、産卵回数は、病気伝搬のチャンスの数です。それを知ることで蚊の病気伝搬の強さを知ることができます。

蚊の体には生まれてから、交尾、吸血、産卵と行動してきた記憶が詰まっています。蚊を解剖することで、いろいろなことが分かります。蚊が与えてくれる命の不思議さ、そして科学的な情報を、正しく理解して大切にしたいです。

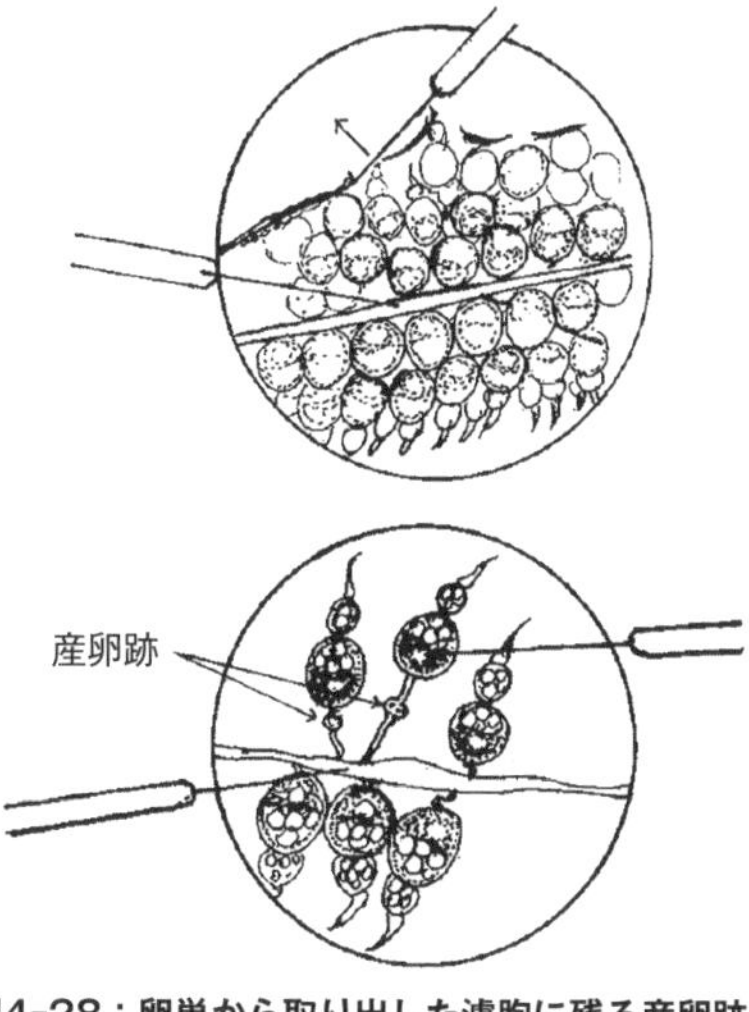

図4-28：卵巣から取り出した濾胞に残る産卵跡

4-1 蚊に刺されやすいのは生まれつき? ふたご研究による解析

どんな人が蚊に刺されやすいかについては、古くから多くの研究があります。血液型については O型の人が蚊に刺されやすいことを示した研究がある一方、AB型が刺されやすいという研究もあります。また、ビールを飲むと蚊に刺されやすくなることを実験的に示した研究もあります。人の皮膚に存在する細菌の量によって刺されやすさが異なることも知られています。

このように、刺されやすさにはさまざまな要因が複雑に関係していると考えられますが、イギリスの研究グループに所属しているフェルナンデス・グランドンたちは、ふたごの人たちに協力してもらって、人が生まれつきもっている遺伝的性質で、どの程度刺されやすさが決まっているかを調べました。

彼らはY字型のチューブを用いて、ネッタイシマカの雌に人の手のにおいときれいな空気のどちらの方向に飛ぶかを選択させました。そして蚊を引きつけた頻度と蚊を飛翔させた頻度を18組の一卵性双生児のペア（遺伝子が全く同じ）と、19組の二卵性双生児のペア（遺伝子の違いはふつうのきょうだいと同等）で比較したのです。その結果、一卵性双生児の

蚊の豆知識

ペアでは二卵性双生児のペアに比べて、これらの頻度の相関が高いことが分かりました。つまり、ふたごの片方が蚊を引きつけやすい（刺激しやすい）と、もう片方も引きつけやすい（刺激しやすい）という傾向が、全く同じ遺伝子をもつ一卵性双生児のペアで、よりはっきりしていたのです。

本研究によって、蚊に刺されやすい度合いはある程度は生まれつき決まっていることが示されました。興味深いことに一卵性双生児のなかには、どちらも蚊を引きつけにくいペアもいました。今後、このような人がどんな遺伝子を発現させているのかを調べていくと、蚊を寄せつけない新しい忌避剤の開発につながるかもしれません。

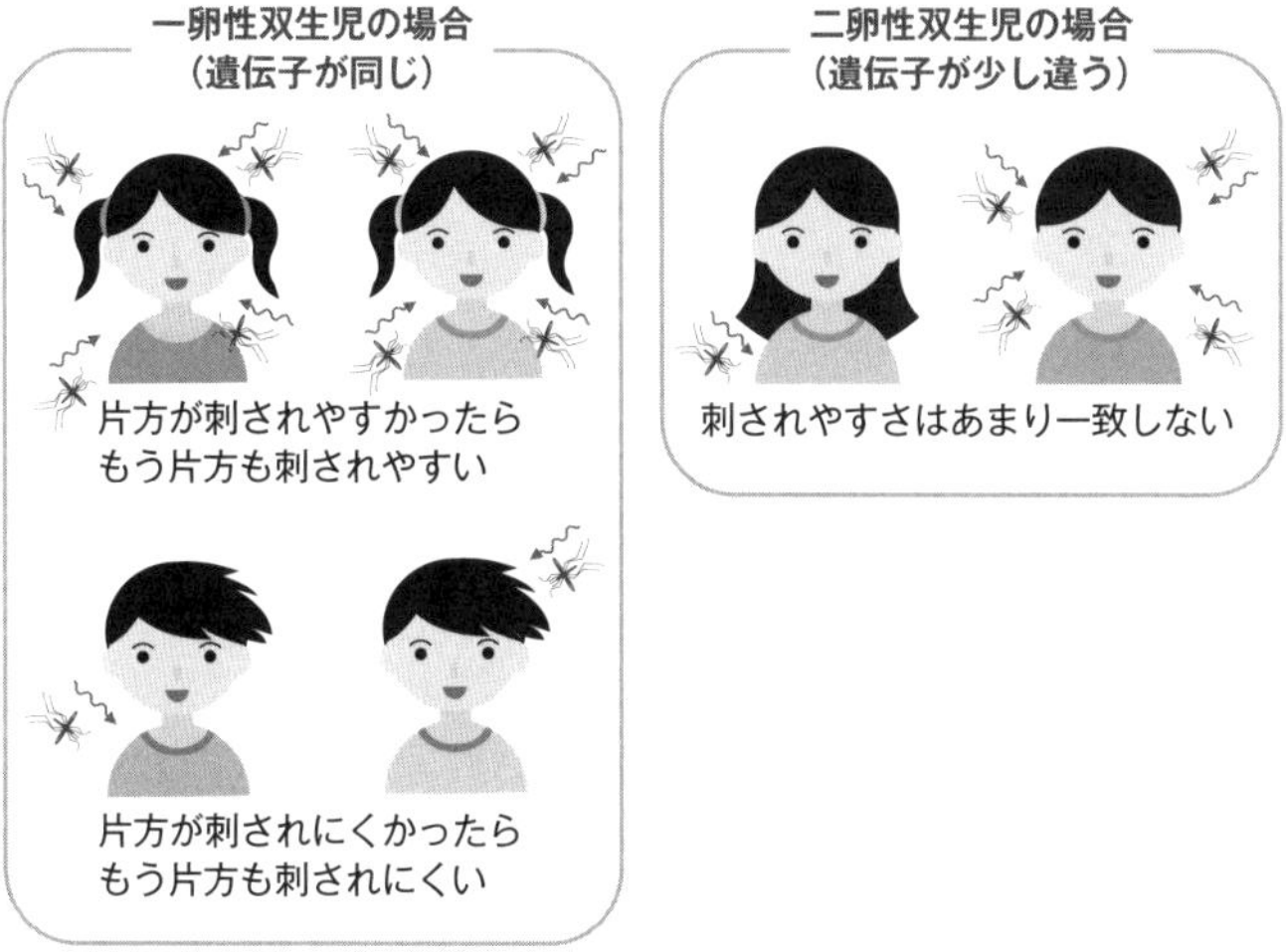
一卵性双生児の場合
（遺伝子が同じ）
片方が刺されやすかったら
もう片方も刺されやすい
片方が刺されにくかったら
もう片方も刺されにくい
二卵性双生児の場合
（遺伝子が少し違う）
刺されやすさはあまり一致しない

4-2 顕微鏡の使い方

蚊の全体を観察するためには実体顕微鏡を使います。実体顕微鏡を使う理由としては、およそ10～60倍の低倍率で観察ができるためです。

使い方としては、まず、蚊を実体顕微鏡の台の上に乗せます。その後、接眼レンズの幅と目の幅を合わせます。調整ノズルを回して、対物レンズを下までおろしたら、接眼レンズをのぞきながら、調整ノズルを回して対物レンズを

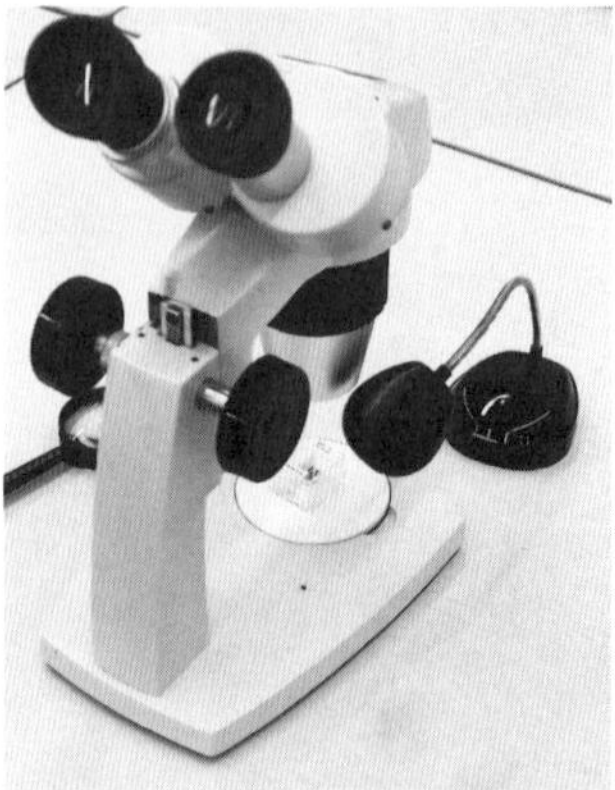

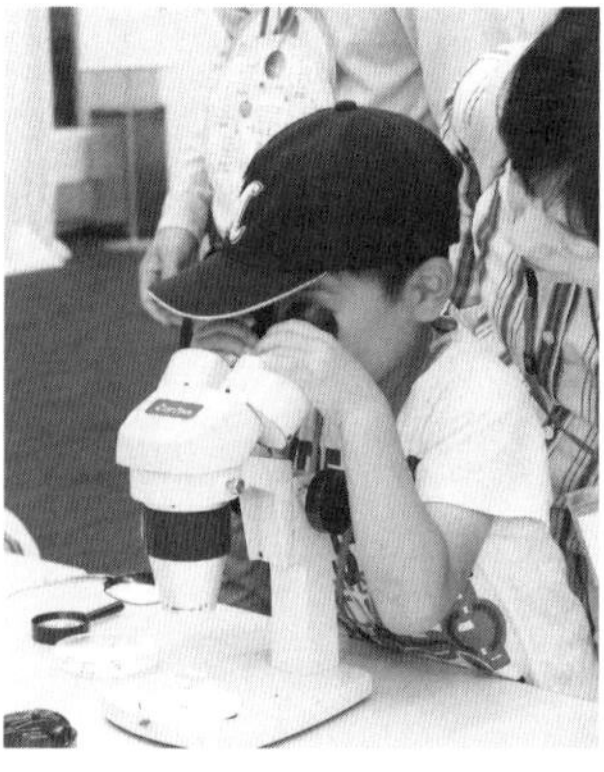

実体顕微鏡（左）と実体顕微鏡をのぞきこむ子ども（右）

蚊の豆知識

上に動かし、見たいものがはっきり見える位置まで上げます。次に微動調整ノズルを回して、さらにはっきり見える位置にします。

蚊は2枚の翅をもっています。また、血を吸うための管がありす。ここが、蚊と似ている昆虫との区別方法です。写真の○で囲んでいるのが蚊です。

実体顕微鏡で見た蚊

4-3 蚊の細密画

山口左仲《さちゅう》（1894〜1976年）は、国内外の大学、研究機関で寄生虫の形態・分類学に関する研究を行い、膨大な業績を残した世界的研究者です。魚、両生類、爬虫類から鳥類や哺乳類に至るまで、さまざまな脊椎動物に寄生する蠕虫類《ぜんちゅうるい》（吸虫、条虫、線虫など）を片端から採集しました。記載した新種の寄生虫は1400種にものぼります。佐仲はまた、蚊の分類も手がけ、蚊に関する著作・論文も残しています。

寄生虫を新種として報告するためには、形態の記載が必須です。実は、論文に使われた形態図は、佐仲が描いた下絵をもとに、全て助手の画工たちが仕上げたものです。多いときには7人も画工が雇われていたそうで、その腕利きの画工のおかげで、自らは寄生虫標本の作製と観察、論文・書籍の執筆に専念することができたと言われています。

画工たちは、佐仲の指示のもと、顕微鏡で観察しつつ描画しました。仕上げの墨入れには穂先を1、2本だけ残した面相筆《めんそうふで》（主に日本画で使われる穂先の極めて細長い絵筆）が使われました。図は非常に精緻で、細部はことのほか微細な点と線で描き込まれています。しかも、驚くべきことに修正の跡がまったく見られません。並々ならぬ集中力で描かれたと想像させられます。佐仲は「自分の仕事は百年後も残るから、最高の図版を必要とする」と語っていました。佐仲の寄生虫図は、佐仲と画工が妥協せずに完成させた共同作品なのです。

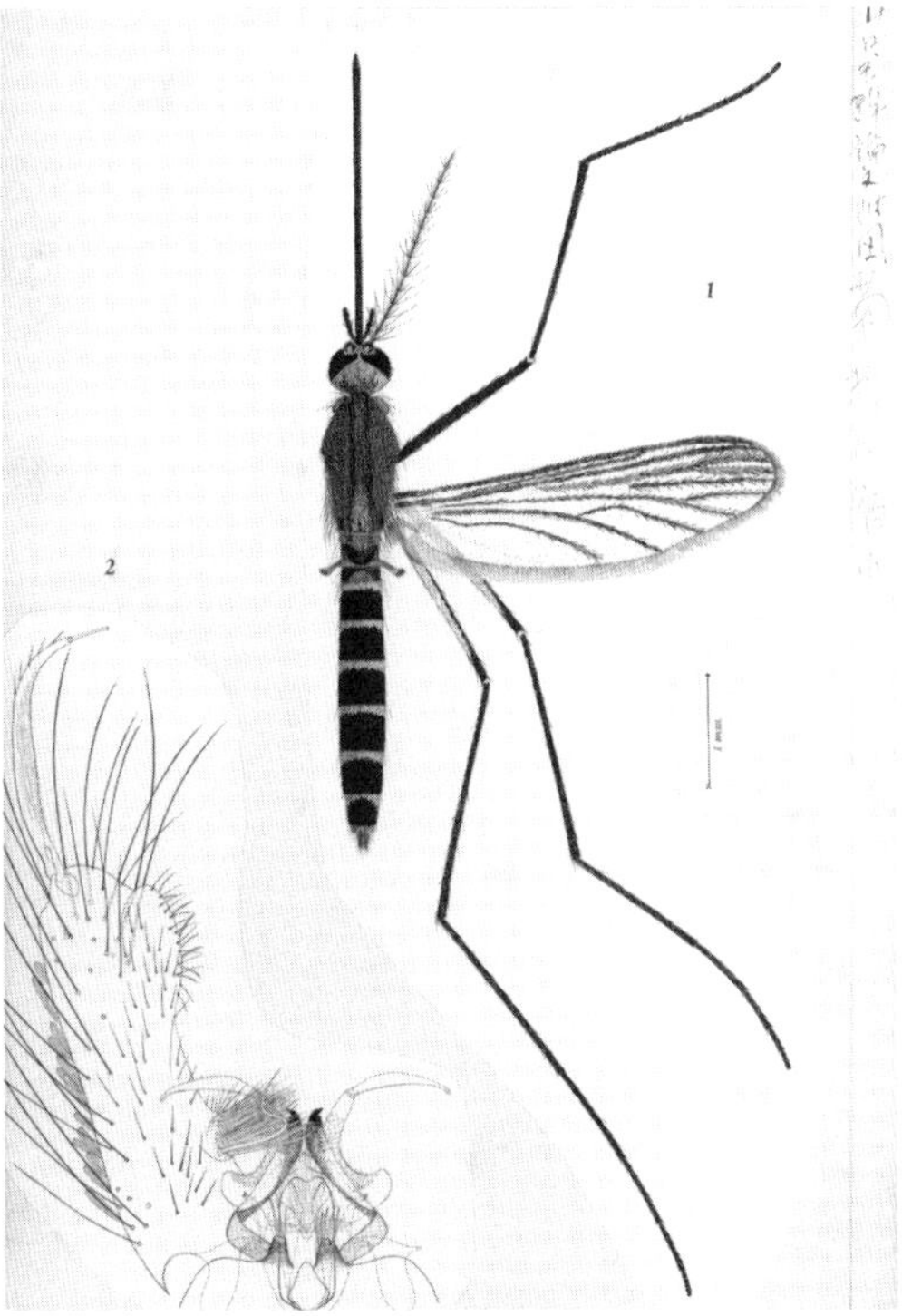

山口佐仲が石川県白山で採集した新種の蚊 *Aedes hakusanensis* の記載論文に使われた図の原版（目黒寄生虫館所蔵）

付録

蚊でアート！

新たな蚊のアートの誕生

本書のもとになった、蚊学入門イベント、『ぶーん蚊祭 もっと知ろう！ 蚊の世界』は、昆虫としての蚊、病気の運び屋としての蚊、人間社会で生きる蚊、といった蚊にまつわるさまざまなことを蚊学として捉え、そのおもしろさを見つけるイベントでした。最新の蚊のサイエンスから着ぐるみのヒトスジシマ子まで登場しましたが、そのなかで、新たな蚊のアートも誕生しました。付録では、蚊の折り紙、書、羽音の再現、オブジェを紹介します。

『ぶーん蚊祭 もっと知ろう！ 蚊の世界』のポスター

着ぐるみのヒトスジシマ子さん
写真提供：森保妙子

-付録-
1

蚊の折り紙ガイド

折り紙とは、1枚の紙を折るだけでさまざまな物を表現する文化的な遊びです。折り鶴、だまし舟、やっこさんなど、昔から伝わる作品がいくつもあり、最近は、それらを応用してつくられた作品もたくさんあります。虫をかたどった折り紙としては、セミやチョウが比較的知られていますが、蚊のような害虫の折り紙はほとんど見かけません。「だったらつくってみればいい！」ということで、蚊の姿を折り紙で表現してみようと考えました。

折り紙では、とがった部分の多い物をつくるのは難しいですが、昆虫にはふつう6本の脚、4枚の翅、2本の触角があり、正確に再現するには特に難しい題材です。第1章で解説されていたように、例外的に蚊の翅は2枚ですが、とがった口をもち、表現はやはり難しいです。この作品では脚を省略して、できるだけ簡単に蚊の姿を表現しています（図1、図2）。物足りない人は針金やモールなどで、土台がわりになる6本脚をつくってみてください。

この折り紙の蚊は、折り鶴を折ったことのある人ならば途中まではつくりやすいと思います。

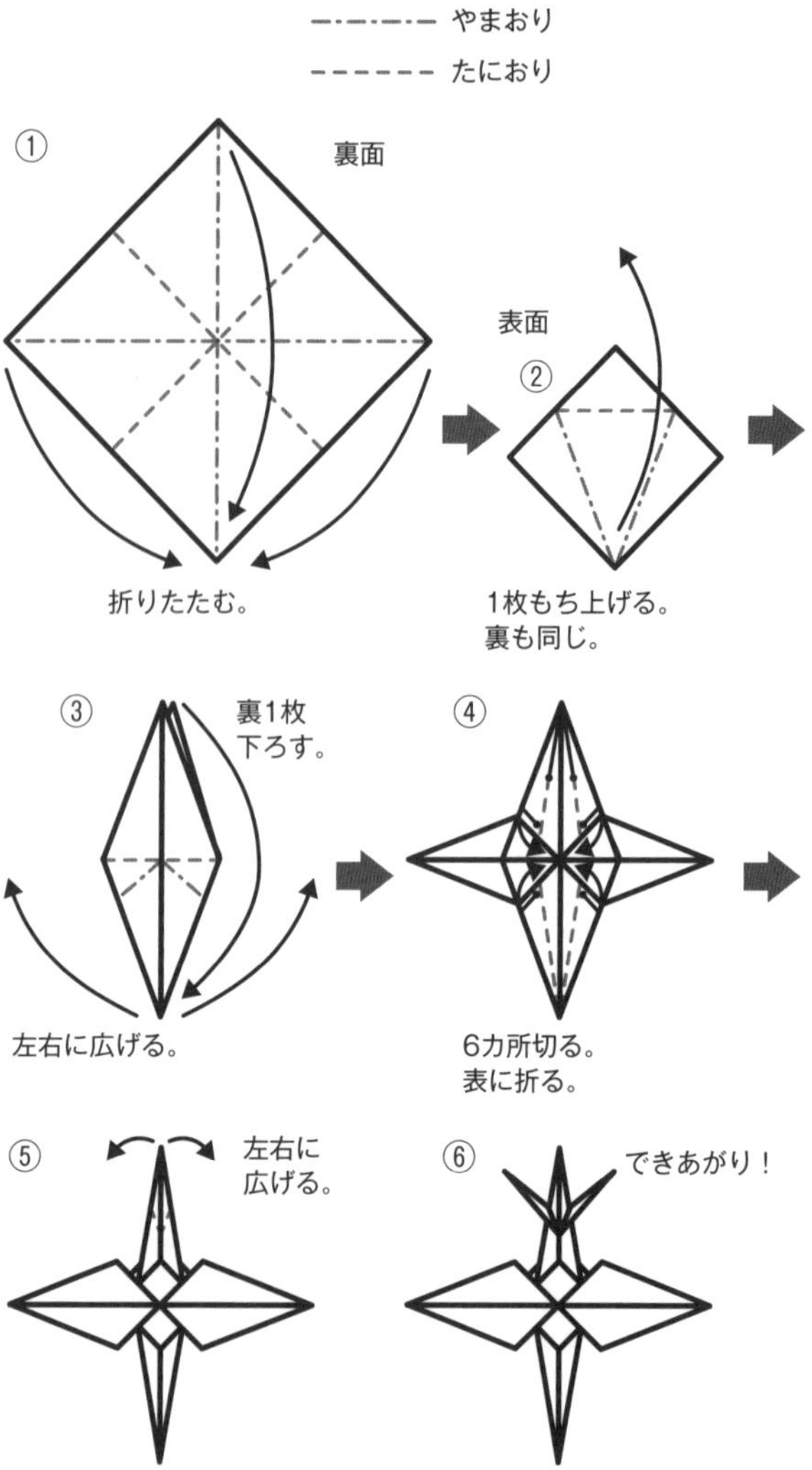
やまおり
たにおり
①
裏面
折りたたむ。
表面
②
1枚もち上げる。
裏も同じ。
③
裏1枚
下ろす。
左右に広げる。
④
6カ所切る。
表に折る。
⑤
左右に
広げる。
⑥
できあがり！

図1：蚊の折り紙の手順

仕上げやすくするために、ハサミを入れる所があるので注意してください。できあがったら、目玉模様のシールを貼るなどすればおもしろいでしょう。

この方法以外にも、1枚の紙を切らずに折るだけで、6本脚の昆虫をつくる方もいるようです。興味のある方は調べてみてください。

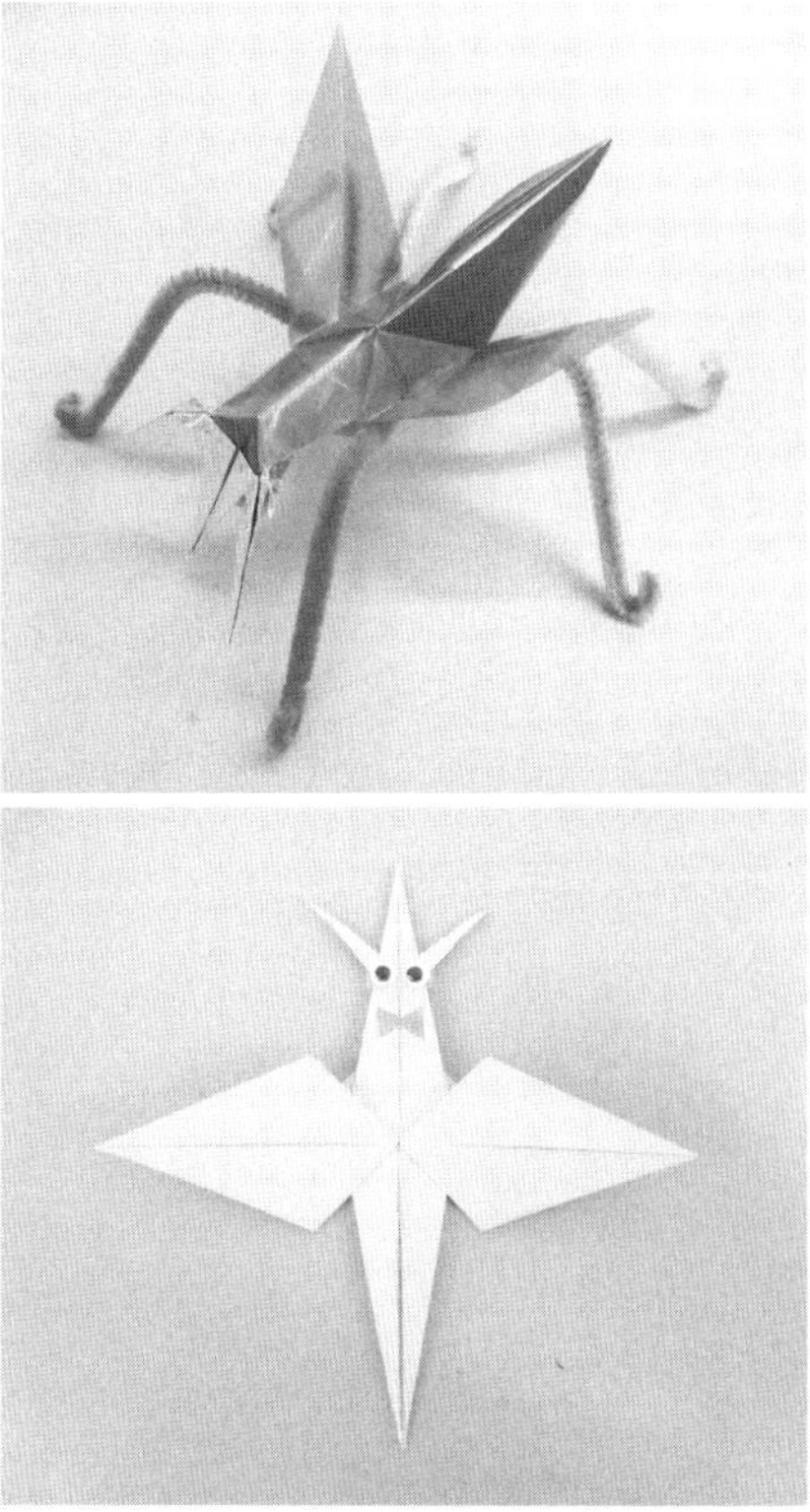

図2：蚊の折り紙完成例

（アース製薬㈱　平岡　浩佑）

-付録-
②

蚊 de 書

私は大学院からマラリアの研究を始め、からだこそ極めて小さい蚊が、奪う人の命の数では世界最大の動物である事実を思い知ることとなり、それ以来、蚊媒介感染症撲滅のための研究をつづけています。しかし、実は研究歴よりも書歴の方が長く、小学校1年の時から数々の先生方に手ほどきを受けています。ここでは、2019年に開催された「ぶ～ん蚊祭」のために筆者が書き上げた作品を紹介します。

図3にありますように、研究目標達成への思いを筆圧に乗せて、横1・6mの大きな紙に「蚊」という字を書きましたが、勢い余って最後の右払いは蚊の墨絵へと変身を遂げたのです。偶然とはいえ、おもしろい作品ができあがりました。

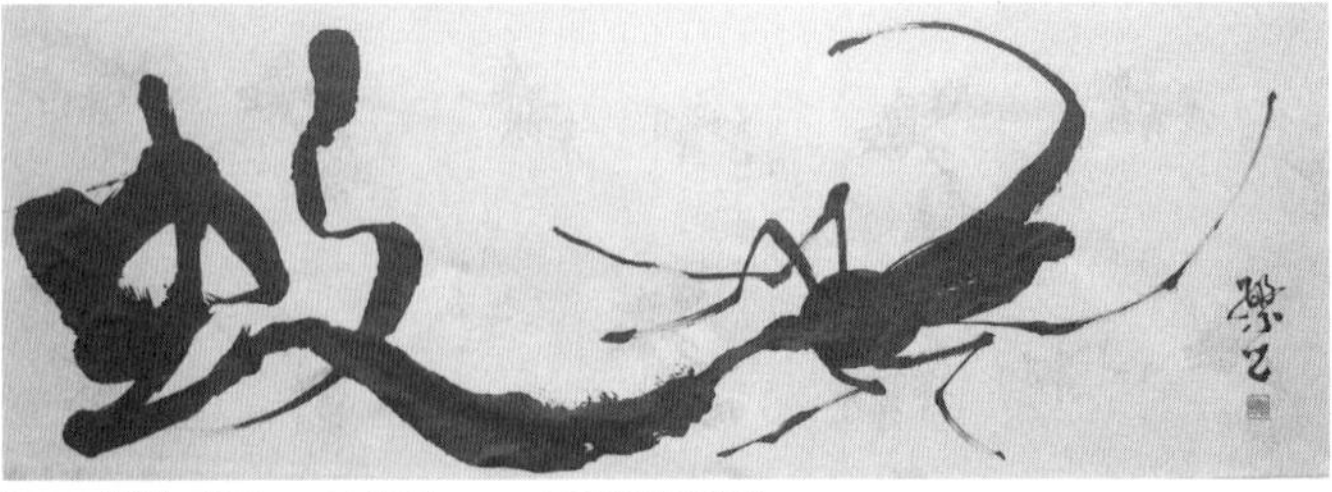

図3：『蚊』（60 cm×160 cm、2019年6月）

もうひとつの作品には、「蚊柱」と名前をつけました（**図4**）。読者のみなさんは、今日蚊柱を見かけなくなったのではないでしょうか。アカイエカやコガタアカイエカが蚊柱をつくることが知られていますが、数百匹の雄が群飛するなかに、雌が入ってきて交尾をします。雄は雌の侵入を羽音で感知すると言われていますが、実は作品のなかに、1匹だけ朱墨で書かれた雌の蚊がいます。分かりにくいですがぜひ探してみてく

図4：『蚊柱』（70 cm×70 cm、2019年5月）

ださい。ちなみに、紙に金粉を散らしているのですが、これは蚊柱がうねる時の羽音を象徴的に表しています。

それぞれの作品は、「ぶ～ん蚊祭」の当日に会場に展示していただき、それどころか「ぶ～ん蚊祭」と書いた看板も、ステージ上のイーゼルに置いていただきました（図5）。

最後に、新しく書いた「蚊」の作品をご覧ください（図6）。世界には多種多様な蚊がいますので、漢字、ひらがな、カタカナで蚊と書いて配置しました。

（国立国際医療研究センター　狩野 繁之）

図5：「ぶ～ん蚊祭」の看板

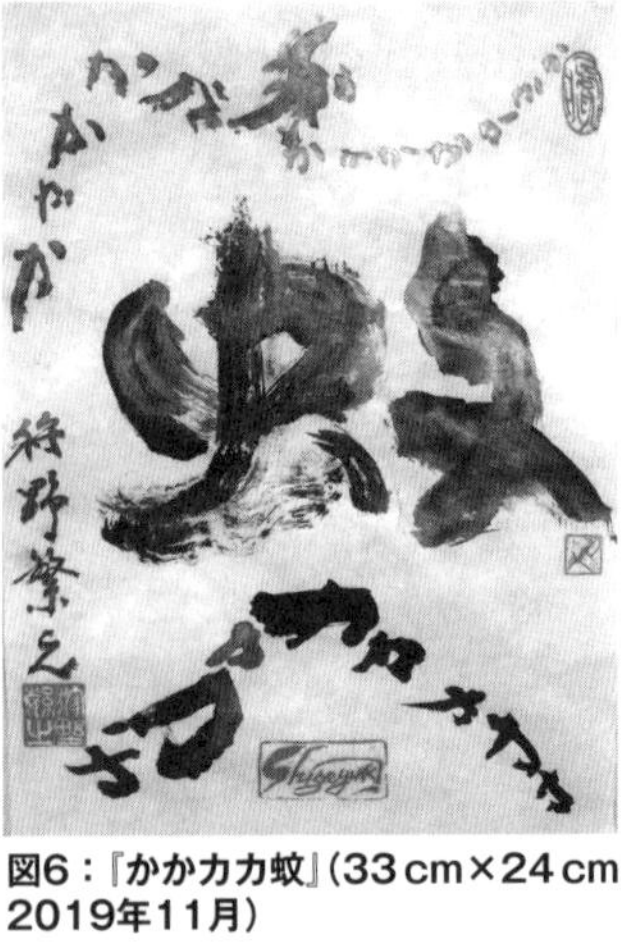
図6：『かかカカ蚊』（33cm×24cm、2019年11月）

-付録-
3

蚊を歌う

私は2019年に開催された「ぶ～ん蚊祭」で、蚊にまつわるオリジナル楽曲を披露させていただきました。楽譜とともに提供した3曲を振り返ってみたいと思います。

▼蘇ったのは、幼き日の夏の思い出

右腕を刺した蚊のお腹は徐々に膨れていき、半透明の小さなからだが赤く染まっていく。私はそれをじっと見つめていました。思う存分吸い終えた蚊は、見るからにずっしりと重くなったお腹を抱えてノロノロと飛び立ち、どこかへ飛んで行きました。私は右腕を掻きながら母に得意げに蚊の話をして、母は大笑い。そんな自身の体験から、聴いた人がクスッと笑顔になるような作品づくりに挑むことにしました。

「ぶ～ん蚊祭に参加してみませんか?」と声をかけていただいた大日本除虫菊㈱（金鳥）の宣伝部長と初めて楽曲の打ち合わせをした際、蚊にまつわる資料をいただきました。私にはどれも初めて学ぶことばかりでしたが、蚊の生態が分かるような解説的な楽曲は、私以外の人間でも描けるのではないか、と思いました。たとえば専門家の方に歌詞を提供してもらいメロディをつける方が、確かな情報を伝えるという点においては優れています。

しかしそれは、エンターテインメントとしてどうなのだろうか。蚊そのものに着眼したことのない私のような人が、大勢いるのではないだろうか。学ぶにあたって、まずは興味をもってもらうことが大前提ではないか。天秤は揺れ動きましたが、出した答えはひとつ。

「yosu にしかつくれないモスキートエンターテインメントで、聴く人の心を揺さぶろう」。

▼『Mosquito!!!』

この曲は、蚊対人間の構図を描きました。聴く人の年齢を問わない共感性と、ポップでリズミカルな曲調で、イベントなどでも使いやすい音を目指しました（**図7**）。

曲の1番は蚊の視点から見た人間に対する思いを想像し、2番は人間から見た蚊に対する思いを描きましたが、一番悩んだのはサビです。「蚊」といくら日本語で表現しても、「か」。たった1音にしかなりません。これでは、サビ部分の歌を聴いただけでは何のことなのか分かりません。寝ても覚めても蚊を考える毎日。そうして何日も経ち、ようやく閃いたのは、なんと入浴中でした。蚊の飛ぶ音を想像して急に口ずさんだ音程、それが「モスキートゥ」でした。サビ部分のモ

Mosquito!!!
作詞・作曲 yosu
Intro.
い
A
ま ね らいをさだめ まっ すぐとぶのでありますわ
かくて げんきでピチピ チの そう あなた に
B
いただくのは ほん のすこし ケチケチしないで おくれよ パ
チン とやられるま え に はや く にげなくちゃ モス
C
キー ト モス キー ト ぐるぐ
る まわっ てやれ みみも と で ブン ブン ブン モス
ト あなたが ねむっ たすきに チ クリとさしてやれ Oh
This is a mos qui - to song This is a mos - qui - to-so - ng
This is a mos qui - to song Mmm... いただきます！
©Mercimusic2019 転載不可

図7：『Mosquito!!!』

スキートのキーに当たる部分は、ヘッドフォンで聴くとまるで蚊が両耳を右往左往するような動きになるよう、細かい部分もこだわりました。

実際の蚊の音や手で叩く音も入って、臨場感たっぷりな場面をつくり上げることができました。初の試みばかりでしたが、元気になる曲でとてもおもしろいと、ファンからのリクエストは右肩上がりです。

▼『やぶっ蚊音頭』

この曲は、日本らしさをテーマにしました。この楽曲の物語の設定は日本の夏。登場するのは初々しい恋人同士。そこに蚊が邪魔しに入るという、かわいらしくもクスッと笑える世界観を目指しました（図8）。

刺しに来る蚊は雌であるという点や、ヤブカの活動時間帯など学術的にも歌詞に矛盾が生じないような工夫もしています。また、日本文化として親しみのある「音頭調」で曲をつくり上げることで、お年寄りも楽しんで手を叩いて歌うことができます。どこか懐かしくも、現代にも通じる淡い夏の物語に仕上がりました。

やぶっ蚊音頭
作詞・作曲 yosu
Intro.
A
かゆいかゆいかゆいかんにんしておくれチョッとさしてチュッとすってサッとにげる
かゆいかゆいかゆいかんにんしておくれかいてもかいてもとまらない
B
こよいあなたとすごします アバンチュールなひとときを
おはだのおていれかんぺきよはなびのじかんがまちどおしい
ロマンチックなめいばめん こわすのだいすきおじゃまむし
ここをさしたらかきにくいそんなところをねらいうち
C
ゆかたのそでのあたりから いやなよかんとおとがする（ほら刺してやれ♪）
D
かゆいかゆいかゆいかんにんしておくれチョッとさしてチュッとすってサッとにげる
かゆいかゆいかゆいかんにんしておくれかいてもかいてもとまらない
©Mercimusic2019 転載不可

図8：『やぶっ蚊音頭』

▼『ストー蚊ー』

まさかこの曲が採用されるとは思いもしませんでした。私は日常のさりげない体験のなかで、ちょっとしたホラーを閃いてしまったのです（図9）。

夏に屋外にいると蚊がついてきて、移動してもまたついてくる、といった経験はありませんか。振り払っても追いかけてきて、なぜこんなにしつこいのだろう。その蚊がもし、前世で自分の恋人だったとしたら……と考えを掘り下げていき、「女性の情念」というテーマにたどり着きました。蚊と女性の情念を結びつけることなんて、おそらくしませんよね。

しかしひょっとしたら意外と意外のかけ算で、何か相乗効果があるかもしれないと考え、曲調はバラードに。使うコードはジャズやボサノヴァに寄せ、スナックでデュエットができるような曲をイメージしてつくることにしました。恋愛ドラマで流れるような美しいピアノの旋律であるのに、蚊の歌詞とはもったいない、と感想をいただくことがありますが、私にとっては最高の称賛です。それこそがまさに、この曲の狙いだからです。ただ美しいだけでは「いい曲」で終わってしまうし、ただ「蚊の歌」では興味のない人ははじめから素通りしてしまいます。

金鳥からは、この曲は小泉八雲《こいずみやくも》の著作『怪談』の中に『虫界』（蚊、蟻、蝶）というエッセイがあり、その蚊の話をイメージさせる内容（輪廻転生）だったということで、追加の資料を読ませていただいたところ、まさにストー蚊ーを彷彿させる作品でした。私は自分の勉強不足を恥じながらも、

ストー蚊ー
作詞・作曲 yosu
Intro.
A Cm9 Fm9 B♭ E♭M7 Fm7
蚊 だから ってバ カにしないでよ ぜんせは
B♭ E♭M7 Dm7 G Cm7 Fm7
にんげんなの あ なたを こ
B♭ E♭M7 Fm7 Bdim7 Cm
ころのそこから あいしぬいてたわ
C7 B Fm B♭ Gm7
でもあなた あっさりとわ たしをすてたの
Cm Fm7 Dm7 Dm7/G G7
ゆるされ るとで もおも ってるの
C Cm7 Fm7 B♭ E♭M7 1.Fm
おいかけて またおいかけて このよの
Bdim7 Cm Dm7/G G7 2.Fm Bdim7
はてまで みみもと でとびま
Cm /B♭ /A♭ /G Fm7 G7 Cm
わってあげる いとしきかなしき あいのリフレイン

図9：『ストー蚊ー』

やはり楽曲というのは音楽の専門知識のみでつくれるものではないと、改めて感じることとなりました。

蚊と人間との日常を切り取り、聴き手に与える共感性と意外性を引き出すことを狙いとしたこの3曲。説明して興味をもってもらうのではなく、人が口ずさみ歌い継ぐことで、自然に湧き上がる興味の導火線に火をつけられる。それこそが音楽や歌の唯一無二の重要な役割だと信じています。

あの夏の日にお腹いっぱいになった蚊の恩返しとも取れる3曲の誕生に心震わせながら、今後も私は全国各地で、この歌を歌っていきます。

（シンガーソングライター　yosu）

ご紹介した3曲は
こちらからお聞き
いただけます

-付録-
4

蚊の羽音を再現する

夏の夜にどこからともなく聞こえてくる「ぶ～ん」という蚊の羽音。ほかにも飛ぶ虫はたくさんいるのに、蚊の羽音だけはやたらと耳元で大きく聞こえてくるような感じがします。私たちの眠りを妨げるあの「音」は、耳障りな音ではありますが、蚊を特徴づける要素のひとつでもあります。2019年の「ぶ～ん蚊祭」では、あえて、この不快な「音」を使った演出で蚊の魅力に迫りました。

そこで来場者が一番最初に訪れる「蚊と遊ぶ」のエリアへとつながる長い廊下部分に「ジャングルロード（**図10**）」と称した演出空間を配置。廊下という狭い空間を生かして、「蚊の羽音」

図10：ジャングルロード

が耳元に迫る効果を狙いました。

　廊下の両サイドに森の木々を模したグラフィックパネルを立て、ジャングルの中にいるかのような雰囲気をつくりました。このグラフィックパネルは裏側にスピーカーを仕込む必要があるため、音を遮断しないメッシュ生地を貼り込んで制作しました。廊下の正面には通常のスピーカーを1台設置。空間全体に聞こえるように、トリや動物の声など「ジャングルの効果音」を流しました。そしてメッシュグラフィックパネルの裏側には、超指向性スピーカーを3台設置。こちらからは「蚊の羽音の効果音」を流しました（図11）。

　超指向性スピーカーとは、直線的に音を飛ばすことができる特殊なスピーカーです。通常のスピーカーと違って、限られた範囲だけに音が聞こえるという特性をもっています。たとえば、博物館や美術館などで、展示物の前に立った人にだけに聞こえるように解説ナレーションを流す……などといった用途で使われます。

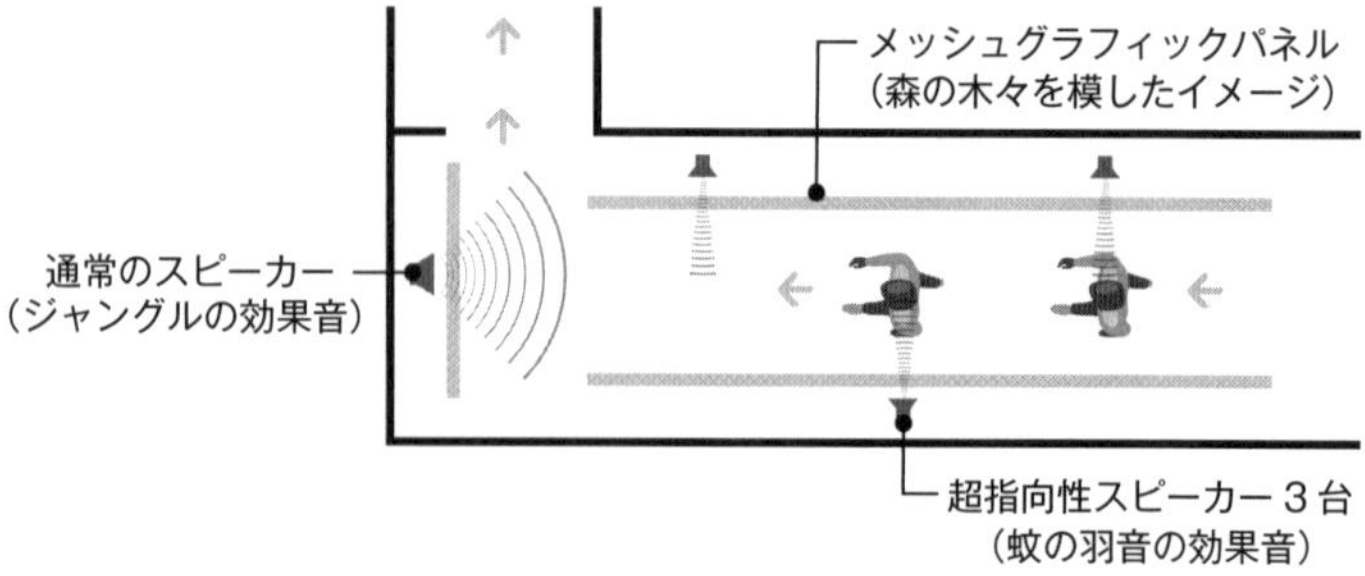

図11：スピーカーのレイアウト

今回の場合、超指向性スピーカーの真横を通った時にしか「蚊の羽音」が聞こえないため、来場者にとっては、まるで耳元に蚊が近づいてくるかのように聞こえるというわけです。超指向性スピーカーは、小さな子どもから背の高い大人まで対応できるように、それぞれ高さを変えて3台設置しました（図12）。

来場者のなかには、耳元に飛んできた蚊の羽音に不快な顔をする人、蚊を払うような動作をする人、「うわあ～なんだコレ」という具合に驚く子ども達などさまざま。こちらの狙った効果通りの演出ができたと思います。

実物がいなくとも「ぶ～ん」という「音」だけで、その存在を感じさせられるのが、「蚊」という虫のおもしろいところです。

（㈱イエローツーカンパニー　山田 矩子）

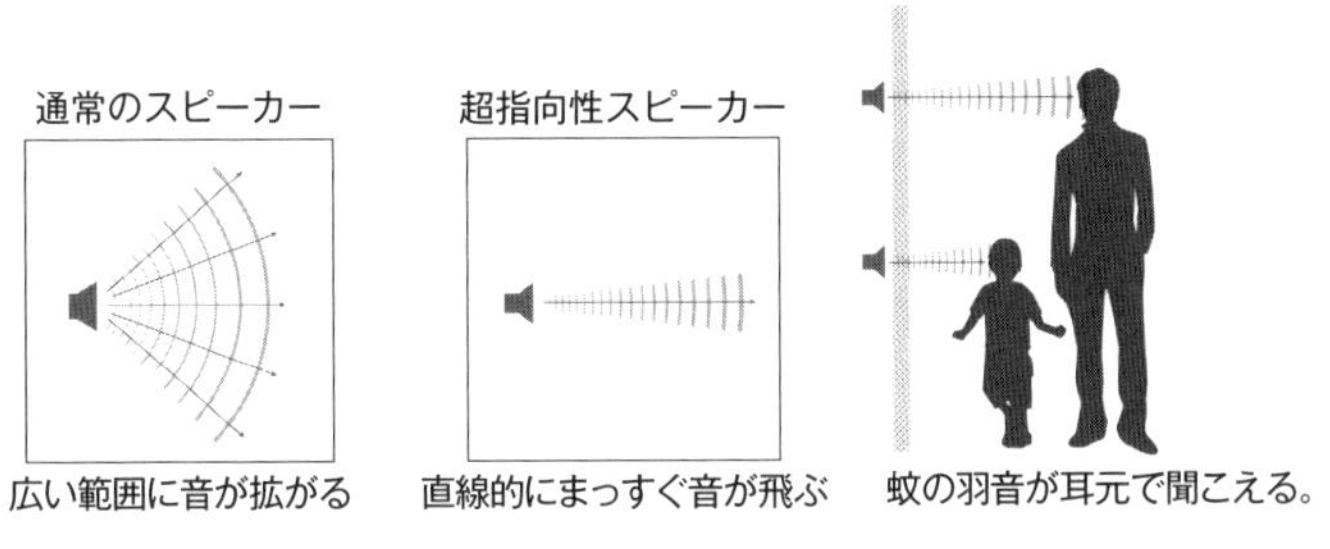
通常のスピーカー
超指向性スピーカー
広い範囲に音が拡がる
直線的にまっすぐ音が飛ぶ
蚊の羽音が耳元で聞こえる。
図12：スピーカー音の聞こえ方の特徴

-付録- 5

蚊のオブジェ

私はこれまで昆虫をモチーフとして作品制作を行ってきました。なかでも人間社会の営みと密接な関係にある昆虫や、私たち人間と昆虫との類似点などに興味をもつことが多く、作品にその要素を取り入れながら制作しています。私にとって蚊は、夏の作業場に現れては制作の邪魔をしてくる厄介者ではありますが、蚊取り線香の香りとともに日本の夏を象徴してくれているような存在です。

改めて考えてみると、蚊は私たちが生きていて1番触れ合う昆虫ではないかと思います。それでいて、蚊が媒介する伝染病によって毎日たくさんの命が失われています。人間社会と寄り添うことができない蚊。なんだか悲しい存在に思えてしまいます。私は蚊という生き物を、そんな厄介者としての存在だけではなく、別の側面や小さなものに対する興味を少しでももってもらえたらという思いで制作しました。

蚊のオブジェは3体つくりました（図13、図14）。1番大きい蚊はお母さん、中くらいの蚊はお父さん、1番小さい蚊は子どもです。

3体のなかでお母さんの蚊が1番大きいのは、お母さんという存在の偉大さを表現したかったからです。私と私の家族にとって母親の存在が大きいこともあるかもしれません。また、お父さん蚊の背中には歯車が組み込まれています。これは歯車が労働や近代化の象徴としてさまざまな意匠に取り入れられているところから来ています。

私には幼い頃、人間の未来像はロボットに展開してゆくという幻想がありました。それは映画『ターミネーター』や『エイリアン』などからの影響があると思います。人間と機械が混ざり合って精密で強靭な力をもつ姿や、機械特有の機能美

図13：Summertime Blues -Mom-
素材：鉄、サイズ：D3900×W4300×H2350㎜、制作年：2013年、撮影者：中村衣里

と生物特有の曲線美が混ざり合って生まれる幻想的な世界観が、私が制作する上で重要な要素となっています。

作品タイトルは『Summertime Blues』です。これは、ブルーな気分になる蚊の羽音と、アメリカのロック歌手エディ・コクランの名曲『Summertime Blues』から来ています。この曲と同じように、憂鬱《ゆううつ》感に沈んでいるなかから、それを打ち破ろうとするパワーを感じて欲しいという思いで名づけました。

制作するなかで、蚊は調べれば調べるほどにおもしろい生態をもち、見れば見るほどおもしろい造形であることに気づかされます。なかでも、あれほど細い脚でからだを支えていることに改めて驚かされました。実際に鉄でつくった時に、脚だけで身体を支えること

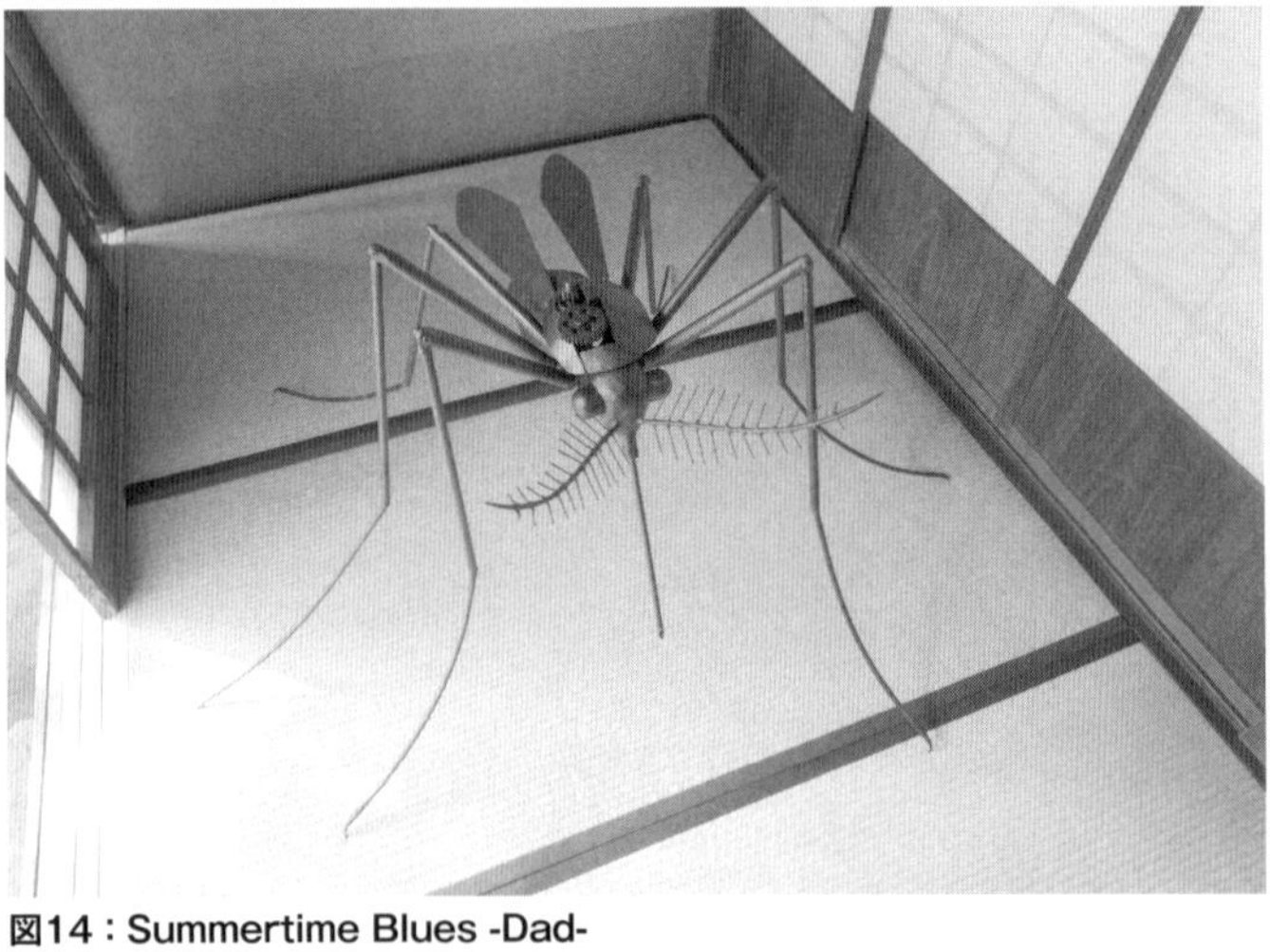

図14：Summertime Blues -Dad-
素材：鉄、サイズ：D700×W1300×H1500㎜、制作年：2012年

は至難の技で、自立させるのにずいぶん苦労しました。本物の蚊は、さらに血を吸って重くなっても自由に空を飛び回れるのですから、にわかには信じられません。このように、作品をつくってみなければ分からなかったことがたくさんありました。

2019年に開催された「ぶ～ん蚊祭」では、中庭に置かれた私の作品を見て、わーっと声を出して驚いたり、喜んでくれたりする子どもたちをそばで見ることができました。自分がつくった作品に対する反応を見ることができるのは、大変うれしいことです。今まで彫刻をつくりつづけてきてよかったと感じる瞬間でした。

私は、美術は人の心を揺り動かすことができるものだと思います。私が制作した『Summertime Blues』が、蚊を知るきっかけになって欲しいと同時に、美術の役割や可能性を少しでも担っていける存在となることを願っています。

（彫刻家　内山翔二郎）

参考文献

第1章　蚊ってなに?

- Harbach, R.（2008）Valid species in Mosquito Taxonomic Inventory.（http://mosquito-taxonomic-inventory.info/sites/mosquito-taxonomic-inventory.info/files/Valid%20Species%20List_76.pdf）
- Wilkerson, RC., et al.（2015）Making Mosquito Taxonomy Useful: A Stable Classification of Tribe Aedini that Balances Utility with Current Knowledge of Evolutionary Relationships. PLoS ONE, 10（7）: e0133602. doi:10.1371/journal.pone.0133602.
- 宮城一郎・當間孝子（２０１７）琉球列島の蚊の自然史．東海大学出版部．
- Sawabe, K., Isawa, H.,Hoshino, K.,Sasaki, T., Roychoudhury,S., Higa, Y., Kasai, S., Tsuda, Y., Nishiumi, I., Hisai, N., Hamao, S., Kobayashi, M.（2010）Host-feeding habits of *Culex pipiens* and *Aedes albopictus*（Diptera: Culicidae）collected at the urban and suburban residential areas of Japan. J. Med. Entomol. 47: 442-450. DOI: 10.1603/ME09256
- A. Borkent and D. A. Grimaldi.（2004）The Earliest Fossil Mosquito（Diptera: Culicidae）, in Mid-Cretaceous Burmese Amber. Ann. Entomol. Soc. Am. 97（5）: 882-888.
- G.O. Poinar, Jr., T.J. Zavortink, T. Pike, and P.A. Johnston.（2000）*Paleoculicis minutus*（Diptera: Culicidae）n. gen., n. sp., from Cretaceous Canadian amber, with a summary of described fossil mosquitoes. Acta Geologica Hispanica, 35: 119-128.
- 佐々学・栗原毅・上村清（１９７６）蚊の科学．北隆館．
- 池庄司敏明（１９９３）蚊．東京大学出版会．

- 池庄司敏明（１９８７）蚊の吸血機構―核酸の超微量分析への可能性．化学と生物Ｖｏｌ．25，Ｎｏ．７：４７１～４７２．
- 青柳誠司（２０１３）蚊の生態模倣による痛みの少ない針の工学的実現．日本臨床麻酔学会第32回大会特別講演，日本臨牀学会誌，33⑸：６９７～７０２．
- Tamashiro, M., Toma, T., Mannen, K., Higa, Y., Miyagi, I.（2011）Bloodmeal identification and feeding habits of mosquitoes（Diptera: Culicidae）collected at five islands in the Ryukyu Archipelago, Japan. Med. Entomol. Zool. 62: 53-70.
- 高層階にも蚊・ハエ・ゴキブリがいる⁉マンションのおすすめ虫対策（https://www.mlab.ne.jp/hint/news_life_20140918/）.
- マンションラボ，マンション居住者の約66％が「自宅に虫が出現したことがある」と回答～虫の対処に関するアンケート～（https://www.mlab.ne.jp/enquete/results/results_20140808-2/）.
- 池庄司敏明（１９９３）蚊．東京大学出版会．２４６．
- Leahy, M.G.（1962）Barriers to hybridization between *Aedes aegypti* and *Aedes albopictus*（Diptera: Culicidae）. Thesis, University of Nortre Dame, Ind., 128. Cited by G.A.H. McClelland in Genetics of Insect Vectors of Diseases. J.W. Wright and P. Pal eds., Elsevior, Amst. 1967.
- Nijhout, H.F.（1977）Control of antennal hair erecting in male mosquitoes. Biol. Bull., 153: 591-603.
- Charlwood, J.D., Jones, M.D.R.（1979）Mating behaviour in mosquito, *Anopheles gambiae*, I. Close range and contact behaviour. Physiol., Entomol., 4: 111-120.
- Cator, Lauren J., et al.（2009）Harmonic convergence in the love songs of the dengue

vector mosquito. Science 323.5917: 1077-1079.
- Aldersley, Andrew, and Lauren J. Cator.（2019）Female resistance and harmonic convergence influence male mating success in *Aedes aegypti*. Scientific reports 9.1: 1-12.
- Benelli, Giovanni, et al.（2015）First report of behavioural lateralisation in mosquitoes: right-biased kicking behaviour against males in females of the Asian tiger mosquito, *Aedes albopictus*. Parasitology research 114.4: 1613-1617.
- Benelli, Giovanni.（2018）Mating behavior of the West Nile virus vector *Culex pipiens*-role of behavioral asymmetries. Acta tropica 179: 88-95.
- 宮城一郎・當間孝子ら（２００４）マレーシアで観察した卵塊を腹部下に保有する *Armigeres flavus*（Leicester）の生態．衛生動物，55巻Supplement号：47．

2章　蚊から身を守る！

- 日本衛生動物学会殺虫剤研究班（１９９３）日本の衛生害虫防除史：日本衛生動物学会50周年記念事業展示から．衛生動物44巻1号：53～62．
- 緒方一喜・渡辺登志也・宮本和代・川口正将・豊田耕治・小曾根努・松岡宏明・白石啓吾・森岡健志・吉岡照太・鈴木雅也・千保聡・美馬伸治・中村友三・足立雅也・芝生圭吾・池田文明・玉田昭男・田中生男・石原雅典（２０１２）殺虫剤によるヒトスジシマカ成虫防除の試み．ペストロジー27：51～58．
- 佐々木健・谷川力・元木貢・清水一郎・渡邊賢太郎・小松謙之・伊藤弘文・木村悟朗・峰岸利充・森義行・蒲田春樹・大山克幸（２０１８）屋外における蚊成虫対策のための薬剤散布機器の作業性の比較．都市有害生物８巻2号：67～82．

- 廣田章光・日経ビジネススクール（２０１８）「ごきぶりホイホイ」生みの親 大塚正富のヒット塾 ゼロを１００に．日本経済新聞出版社．
- 伊藤嘉昭（１９８０）虫を放して虫を滅ぼす 沖縄・ウリミバエ根絶作戦私記．中央公論社．
- Teixeira, L., Ferreira, A., Ashburner, M.（2008）The bacterial symbiont *Wolbachia* induces resistance to RNA viral infections in *Drosophila melanogaster*. PLoS Biol., 6: 2753-2763.
- Hedges, L.M., Brownlie, J.C., O'Neill, S.L., Johnson, K.N.（2008）*Wolbachia* and virus protection in insects. Science, 322: 702.
- Moreira, L.A., Iturbe-Ormaetxe, I., Jeffery, J.A., et al.（2009）A *Wolbachia* symbiont in *Aedes aegypti* limits infection with dengue, chikungunya, and Plasmodium. Cell, 139: 1268-1278.
- Flores, H.A., O'Neill, S.L.（2018）Controlling vector-borne diseases by releasing modified mosquitoes. Nature Rev. Microbiol., 16: 508-518.
- Gasiunas, G., Barrangou, R., Horvath, P., Siksnys, V.（2012）Cas9-crRNA ribonucleoprotein complex mediates specific DNA cleavage for adaptive immunity in bacteria. Proc. Natl. Acad. Sci. USA. 109（39）: E2579-2586.
- Esvelt, K.M., Smidler A.L., Catteruccia, F., Church, G.M.（2014）Concerning RNA-guided gene drives for the alteration of wild populations. eLife. 3: e03401.
- 関なおみ・岩下裕子・本涼子・神谷信行・栗田雅行・田原なるみ・長谷川道弥・新開敬行・林志直・貞升健志・甲斐明美・中島由紀子・渡瀬博俊・上田隆・前田秀雄・小林一司・石崎泰江・広松恭子（２０１５）東京都におけるデング熱国内感染事例の発生について．日本公衆衛生雑誌62巻5号：２３８～２５０．

・谷川力（２０１９）特集 衛生害虫・外来生物の脅威 東京都ペストコントロール協会に寄せられた害虫獣の相談件数．生活と環境64巻6号：４～10．
・Tanikawa, T., Yamauchi, M., Ishihara, S., Tomioka, Y., Kimura, G., Tanaka, K., Suzuki, S., Komagata O., Tsuda, Y. and K. Sawabe.（2015）Operation note on dengue vector control against *Aedes albopictus* in Chiba City, Japan, where an autochthonous dengue case was confirmed in September 2014. Med. Entomol. Zool. 66: 31-33.
・谷川力・渡邊徹・元木貢・清水一郎・葛西眞司（２０２０）東京都の大規模緑地公園で開催されたデングウイルス媒介蚊駆除訓練．衛生動物．71巻2号；１１６．
・厚生労働省（２０１４）デング熱の国内感染疑い例の報告について．(https://www.mhlw.go.jp/stf/houdou/0000034381.html).

第3章　蚊が運ぶ感染症

・WHO（2019）Regional and global trends in burden of malaria cases and deaths. In: World Malaria Report 2019, WHO Press, Geneva, pp4-13.
・Tanizaki R, Ujiie M, Kato Y, et al.（2013）First case of *Plasmodium knowlesi* infection in a Japanese traveller returning from Malaysia. Malar J, 12: 128.
・Ménard D, Khim N, Beghain J, et al（2016）A Worldwide Map of *Plasmodium falciparum* K13-Propeller Polymorphisms. N Engl J Med, 374（25）: 2453-2464.
・WHO（2015）Vision, Goals and Principles. Global technical strategy for malaria 2016-2030. Global Malaria Programme, p.7-8.
・WHO（2012）Weekly epidemiological record Relevé épidémiologique hebdomadaire.

No.37,2012,87,345-356.

- Kazuyo Ichimori, Jonathan D. King, Dirk Engels, Aya Yajima,Alexei Mikhailov, Patrick Lammie, Eric A. Ottesen（2014）Global Programme to Eliminate Lymphatic Filariasis: The Processes Underlying Programme Success. PLOS neglected tropical diseases,8（12）: e3328.
- WHO（2020）Weekly epidemiological record Global programme to eliminate lymphatic filariasis: progress report, 2019. WHO No 43, 95, 509-524.
- 上村清・津田良夫・内田桂吉・都野展子・岡沢孝雄・一盛和世・今西望・江下優樹・大場靖子・白井良和・渡辺護・比嘉由紀子（２０１７）蚊の話―病気との関わり―，朝倉書店.
- Manabu Sasa（1976）Human Filariasis. University of Tokyo Press.
- 一盛和世（２０１６）世界規模で見た蚊媒介感染症とその対策―世界リンパ系フィラリア症制圧計画を例に―Pest Control 71,3-10.
- WHO Regional Office for the Western Pacific（2006）The PacELF way : towards the elimination of lymphatic filariasis from the Pacific, 1999-2005.
- 尾辻義人（１９９４）愚直の一念：フィラリアとともに三十年，斯文堂.
- WHO（2008）WHO position statement on integrated vector management.（http://apps.who.int/iris/bitstream/handle/10665/69745/WHO_HTM_NTD_VEM_2008.2_eng.pdf?sequence=1）
- Aya Yajima, Kazuyo Ichimori（2021）Progress in the elimination of lymphatic filariasis in the Western Pacific Region: successes and challenges . International Health, Volume 13, Issue Supplement 1, January 2021 Pages S10-S16.
- WHO（2013）Lymphatic filariasis: a handbook of practical entomology for national

lymphatic filariasis elimination programmes.
- Hayes EB. (2009) Zika virus outside Africa. Emerg Infect Dis. 15 (9): 1347-1350.
- Duffy MR, Chen TH, Hancock WT, Powers AM, Kool JL, Lanciotti RS, et al. (2009) Zika virus outbreak on Yap Island, Federated States of Micronesia. N Engl J Med. 360 (24) :2536-2543.
- Roth A, Mercier A, Lepers C, Hoy D, Duituturaga S, Benyon E, et al. (2014) Concurrent outbreaks of dengue, chikungunya and Zika virus infections - an unprecedented epidemic wave of mosquito-borne viruses in the Pacific 2012-2014. Euro Surveill. 19 (41).
- Bogoch, II, Brady OJ, Kraemer MU, German M, Creatore MI, Kulkarni MA, et al. (2016) Anticipating the international spread of Zika virus from Brazil. Lancet (London, England). 387 (10016) :335-336.
- Petersen LR, Jamieson DJ, Powers AM, Honein MA. (2016) Zika Virus. The New England journal of medicine. 374 (16) :1552-1563.
- Polen KD, Gilboa SM, Hills S, Oduyebo T, Kohl KS, Brooks JT, et al. (2018) Update: Interim Guidance for Preconception Counseling and Prevention of Sexual Transmission of Zika Virus for Men with Possible Zika Virus Exposure - United States, August 2018. MMWR Morbidity and mortality weekly report. 67 (31) :868-1871.
- 国立感染症研究所感染症情報センター（１９８４）最近の日本における日本脳炎．病原微生物検出情報（ＩＡＳＲ）Ｖｏｌ５（１９８４／４［０５０］）．
- 国立感染症研究所感染症疫学センター（２０１６）蚊媒介ウイルス感染症：ジカウイルス感染症・チクングニア熱・デング熱、２０１１年～２０１６年６月．病原微生物検出情報（ＩＡＳＲ）Ｖｏｌ．37ｐ．１１９～１２１．

- 沢辺京子（２０１６）特集 蚊媒介感染症をめぐって ジカウイルス感染症（ジカ熱）・デング熱・チクングニア熱とはどんな感染症か?. Pest control Tokyo No.71: 36～44.
- Kobayashi, M., Nihei, N., Kurihara, T.（2002）Analysis of northern distribution of *Aedes albopictus*（Diptera: Culicidae）in Japan by geographical information system. J. Med. Entomol., 39: 4-11.
- 前川芳秀・比嘉由紀子・沢辺京子・葛西真治（２０２０）ヒトスジシマカの分布域拡大について. 国立感染症研究所. 病原微生物検出情報（ＩＡＳＲ）Ｖｏｌ. 41, 92～93.
- Sukehiro, N., Kida, N., Umezawa, M., Murakami, T., Arai, N., Jinnai, T., Inagaki, S., Tsuchiya, H., Maruyama, H., Tsuda, Y.（2013）First report on invasion of yellow fever mosquito, *Aedes aegypti*, at Narita International Airport, Japan in August 2012. Jpn. J. Infect. Dis., 66: 189-194.
- Tanaka, K, Mizusawa, K., Saugstad E.S.（1979）A revision of the adult and larval mosquitoes of Japan（including the Ryukyu Archipelago and the Ogasawara Islands）and Korea（Diptera: Culicidae）. Contrib. Amer. Ent. Inst.（Ann Arbor）, 16: 1-987.
- 宮城一郎・當間孝子・伊波茂雄（１９８３）八重山群島の蚊科に関する研究 ８ 与那国島の蚊について. 衛生動物, 34巻1号：１～６.
- 当間孝子・宮城一郎・伊波茂雄（１９８３）八重山群島の蚊科に関する研究 ９ 石垣・西表島の人家周辺に生息する蚊について. 衛生動物, 34巻2号：99～１０１.
- 津田良夫・助廣那由・梅澤昌弘・稲垣俊一・村上隆行・木田中・土屋英俊・丸山浩・沢辺京子（２０１３）成田国際空港におけるネッタイシマカの越冬可能性に関する実験的研究. 衛生動物, 64巻４号：２０９～２１４.
- 国立感染症研究所昆虫医科学部（２０１９）デング熱・チクングニア熱・ジカウイルス

感染症等の媒介蚊対策〈緊急時の対応マニュアル〉付録２（https://www.niid.go.jp/niid/images/ent/2019/manalbo20191024.pdf）.

- Morita, K.（2009）Molecular epidemiology of Japanese encephalitis in East Asia. Vaccine, 27: 7131–7132.
- Nabeshima, T., Morita, K.（2010）Phylogeographic analysis of the migration of Japanese encephalitis virus in Asia. Future Virol., 5: 343-354.
- 沢辺京子（２０１４）特集 わが国でも問題のベクター媒介性感染症 3．日本脳炎ウイルスの国内越冬と海外飛来．化学療法の領域．30巻2号：39～49．
- Ming, J.G., Jin, H,, Riley, J.R., Reynolds, D.R., Smith, A.D., Wang, R.L., Cheng, J.Y., Cheng, X.N.（1993）Autumn southward 'return' migration of the mosquito *Culex tritaeniorhynchus* in China. Med. Vet. Entomol., 7: 323-327.
- 厚生労働省検疫所（２０２０）ベクターサーベイランス報告書．（https://www.forth.go.jp/ihr/fragment2/index.html）.
- 国連憲章テキスト（https://www.unic.or.jp/info/un/charter/text_japanese/）.
- 世界保健機関憲章（https://www.mofa.go.jp/mofaj/files/000026609.pdf）.
- 相川正道・永倉貢一（１９９７）現代の感染症．岩波書店．
- WHO（2019）World Malaria Report 2019. 185 pp.
- Carter, R. and Mendis, K.（2002）Evolutionary and historical aspects of the burden of malaria. Clinical Microbiology Review 15: 564–594.
- 伊藤高明・奥野武（２００６）住友化学２００６-Ⅱ：４～11．
- Tangena et al.（2020）Indoor residual spraying for malaria control in sub-Saharan Africa 1997 to 2017: an adjusted retrospective analysis, Malar J, 19:150

- IVCC, 2 Billion Mosquito Nets Delivered Worldwide.（https://www.ivcc.com/2billionmosquitonets/）.
- WHO（2017）Prequalification Vector Control.（https://www.who.int/pq-vector-control/prequalified-lists/en/）.
- WHO（2012）Malaria Vector Control Commodities Landscape 2nd Edition. 51 pp.
- Ranson, H. and Lissenden, N.（2016）Insecticide Resistance in African *Anopheles* Mosquitoes: A Worsening Situation that Needs Urgent Action to Maintain Malaria Control, Trends in Parasitology, 32: 187-196.
- 大橋和典・庄野美徳（２０１５）昆虫媒介性感染症対策への取り組みと研究開発―マラリア，デング熱を中心として―．技術誌住友化学２０１５：４～14．
- Shono, Y., Ohashi, K. and Lucas, J. R.（2017）Biological performance of Olyset® Plus, a long-lasting mosquito net incorporating a mixture of a pyrethroid and synergist. Acta Horticulturae 1169: 77-82.
- WHO（2012）Conditions for Deployment of Mosquito Nets Treated with a Pyrethroid and Piperonyl Butoxide, 5 pp.
- WHO（2006）Indoor Residual Spraying: Use of Indoor Residual Spraying for Scaling Up Global Malaria Control and Elimination.
- Oxborough, R. M.（2016）Trends in US President's Malaria Initiative-funded indoor residual spray coverage and insecticide choice in sub-Saharan Africa（2008–2015）: urgent need for affordable, long-lasting insecticides, Malaria Journal 15:146.
- WHO（2017）Prequalification Vector Control, SumiShield 50WG.（https://www.who.int/pq-vector-control/prequalified-lists/sumishield50wg/en/）.

- Agossa F. R., Padonou G. G., Koukpo C. Z., et al. (2018) Efficacy of a novel mode of action of an indoor residual spraying product, SumiShield® 50WG against susceptible and resistant populations of *Anopheles gambiae* (s.l.) in Benin, West Africa. Parasites & Vectors 11:293.
- CDC, *Anopheles* Mosquitoes. Centers for Disease Control and Prevention. (https://www.cdc.gov/malaria/about/biology/index.html).
- WHO (2019) Tenth Meeting of the WHO Vector Control Advisory Group. 32 pp.
- Bhatt, S., Weiss, D. J., Cameron, E. et al. (2015) The effect of malaria control on Plasmodium falciparum in Africa between 2000 and 2015, Nature 526: 207-211.
- Malaria No More Japan (2016) 知っていた?.蚊が運ぶ病気「マラリア」にまつわるお話.

4章　蚊を調べてみよう!

- 有吉立（２０１８）きらいになれない害虫図鑑．幻冬社．
- 池庄司敏明（２０１５）蚊［第２版］．東京大学出版会：１６４〜１８０．
- 白井良和（２００５）蚊の教科書—蚊の対策がわかる．モストップ（害虫防除技術研究所）：２３７〜２４９．
- Lindsay, S., Ansell, J., Selman, C., Cox, V., Hamilton, K. and Walraven, G. (2000) Effect of pregnancy on exposure to malaria mosquitoes. Lancet 355: 1972.
- 白井良和・関太輔・上村清・諸橋正昭（２０００）ヒトスジシマカの吸血誘引性に及ぼす証の影響．和漢医薬学雑誌，17（４）：１５１〜１５６．
- Shirai, Y., Funada, H., Takizawa, H., Seki, T., Morohashi, M. and Kamimura, K. (2004)

Landing Preference of *Aedes albopictus* (Diptera: Culicidae) on human skin among ABO blood groups, secretors or nonsecretors, and ABH antigens. J. Med. Entomol. 41 (4) : 796-799.

- Shirai, Y., Tsuda, T., Kitagawa, S., Naitoh, K., Seki, T., Kamimura, K. and Morohashi, M. (2002) Alcohol ingestion stimulates mosquito attraction. J. Am. Mosq. Assoc. 18 (2): 91-96.
- Smart, M. R. and Brown, A. W. A. (1956) Studies on the responses of the female *Aedes* mosquito. part 7. – The effect of skin temperature, hue and moisture on the attractiveness of the human hand. Bull. Entomol. Res. 47: 89-101.
- Shirai, Y., Funada, H., Kamimura, K., Seki, T. and Morohashi, M. (2002) Landing sites on the human body preferred by *Aedes albopictus*. J. Am. Mosq. Assoc. 18 (2): 97-99.
- Oka K, Ohtaki N (1989) Clinical observation of mosquito bite reactions in man a survey of the relation between age and bite reaction. J Dermatol ; 16;212-219.
- Mellanby K (1948) Man's reaction to mosquito bites. Nature ; 158:554.
- Oka K (1989) Corration of *Aedes albopictus* bite reaction with IgE antibody assay and lymphocyte transformation test to mosquito salivary antigens.J. Dermatol: 16:341-347.
- Oka K, Ohtaki N et al (2018) Study on the correlation between age and changes in mosquito bite response.J.Dermatol ;45;1471-1474.
- Wood CS et al. (1972) Selective feeding of *Anopheles gambiae* according to ABO blood group status. Nature. Sep;239 (5368) :165. DOI: 10.1038/239165a0.
- Anjomruz, M et al. (2014) Preferential feeding success of laboratory reared *Anopheles stephensi* mosquitoes according to ABO blood group status. Acta tropica 140: 118-123.

- Lefèvre T et al. (2010) Beer Consumption Increases Human Attractiveness to Malaria Mosquitoes. PLoS ONE 5 (3): e9546.
- Verhulst NO et al. (2011) Composition of Human Skin Microbiota Affects Attractiveness to Malaria Mosquitoes. PLoS ONE 6 (12): e28991.
- Fernández-Grandon GM et al. (2015) Heritability of Attractiveness to Mosquitoes. PLoS ONE 10 (4): e0122716.
- WHO (1975) Manual on practical entomology in malaria / prepared by the WHO Division of Malaria and Other Parasitic Diseases PartII.

編著者

一盛和世 (いちもり かづよ)

長崎大学客員教授、James Cook University プロフェッショナルリサーチフェロー。女子学院、玉川大学農学部卒業後、東京大学医科学研究所で熱帯病、蚊、フィラリアを学び、ロンドン大学衛生熱帯医学校においてマラリアの研究で博士号取得。その後、アフリカでツェツェバエ、中南米、太平洋地区で蚊などの調査に取り組む。1992 年から 2013 年まで世界保健機関 (WHO) 勤務。フィジーでは、太平洋リンパ系フィラリア症制圧計画 (PacELF) チームリーダーを務め、本部ジュネーブでは、顧みられない熱帯病 (NTD) 部で、政策・ガイドライン策定に携わる。そのほか、統合的媒介生物対策 (IVM) および、世界リンパ系フィラリア症制圧計画 (GPELF) の統括官などを歴任。2019 年には、蚊学の入門イベント "ぶ～ん蚊祭" (日本科学未来館) を主催した。

きっと誰かに教えたくなる蚊《か》学《がく》入門
―知って遊んで闘って―

Midori Shobo Co.,Ltd

2021 年 6 月 30 日　第 1 刷発行

編 著 者 ……………… 一盛和世
発 行 者 ……………… 森田　猛
発 行 所 ……………… 株式会社 緑書房
〒 103-0004
東京都中央区東日本橋 3 丁目 4 番 14 号
TEL　03-6833-0560
https://www.midorishobo.co.jp

編　　集 ……………… 根本淳矢、秋元　理
編集協力 ……………… 安延尚文
デザイン ……………… ACQUA
印 刷 所 ……………… 図書印刷

ISBN 978-4-89531-596-8　Printed in Japan